【中国财富收藏鉴识讲堂】

沈理达讲翡翠

沈理达　著

中国财富出版社

图书在版编目（CIP）数据

沈理达讲翡翠／沈理达著. —北京：中国财富出版社，2013.12
（中国财富收藏鉴识讲堂）
ISBN 978－7－5047－4827－0

Ⅰ.①沈… Ⅱ.①沈… Ⅲ.①翡翠—鉴赏—基本知识
Ⅳ.①TS933.21

中国版本图书馆CIP数据核字（2013）第240672号

| **策划编辑** | 李慧智 | **责任印制** | 方朋远 |
| **责任编辑** | 张彩霞 | **责任校对** | 梁　凡 |

出版发行	中国财富出版社（原中国物资出版社）	
社　　址	北京市丰台区南四环西路188号5区20楼	**邮政编码**　100070
电　　话	010－52227568（发行部）　　　010－52227588转307（总编室）	
	010－68589540（读者服务部）　　010－52227588转305（质检部）	
网　　址	http：//www.cfpress.com.cn	
经　　销	新华书店	
印　　刷	北京京都六环印刷厂	
书　　号	ISBN 978－7－5047－4827－0/TS·0076	
开　　本	889mm×1194mm　1/32	**版　次** 2013年12月第1版
印　　张	4.5	**印　次** 2013年12月第1次印刷
字　　数	113千字	**定　价** 32.00元

中华民族是世界上最热爱收藏的民族。我国历史上有过多次收藏热，概括起来大约有五次：第一次是北宋时期；第二次是晚明时期；第三次是康乾盛世；第四次是晚清民国时期；第五次则是当今盛世。收藏对于我们来说，已不仅仅再是捡便宜的快乐、拥有财富的快乐，它还能带给我们艺术的享受和精神的追求。收藏，俨然已经成为人们的一种生活方式。

收藏是一种乐趣，但收藏更是一门学问。收藏需要量力而行，收藏需要戒除贪婪，收藏不能轻信故事。然而，收藏最重要的是知识储备。鉴于此，姚泽民工作室联合中国财富出版社编辑出版了这套"中国财富收藏鉴识讲堂"丛书。当前收藏鉴赏丛书层出不穷，可谓泥沙俱下，鱼龙混杂。因此，我们这套丛书在强调"实用性"和"可操作性"的基础上，更加强调"权威性"，目的就是想帮广大收藏爱好者擦亮慧眼，提供最直接、最实在的帮助。这套丛书的作者，均是目前活跃在收藏鉴定界的权威专家，均是中央电视台《鉴宝》《一槌定音》等电视栏目所请的鉴宝专家。他们不仅是收藏家、鉴赏家，更是研究员和学者教授，其著述通俗易懂而又逻辑缜密。不管你是初涉收藏爱好者，还是资深收藏家，都能从这套丛书中汲取知识营养，从而使自己真正享受到收藏的乐趣。

　　《沈理达讲翡翠》的作者沈理达女士，曾任中央电视台《寻宝》栏目珠宝类点评专家，现为中国商业联合会翡翠研究会副会长，《中国珠宝》杂志专家顾问，厦门大学当代复文化研究院研究员，FGA国际珠宝鉴定师，厦门植福缘珠宝有限公司首席鉴赏家。本书内容翔实，总结性的图表和文字说明更是简洁明了，便于学习和阅读。作者根据十几年的经营经验，就翡翠收藏鉴赏和投资中存在的误区、要素、流程以及行规等进行深入挖掘，便于读者全面了解翡翠而又能使翡翠收藏投资者有效控制风险，减少不必要的沉没成本。翡翠的鉴赏和增值是本书最为主体的部分，故本书对于购买翡翠和从事翡翠投资的人来说都具有参考价值，也值得翡翠藏家和经营者阅读参考。

姚泽民工作室

2013年10月

目录

第一章　翡翠概述

一、什么是翡翠

1. 翡翠的基本概念

（1）化学成分：钠铝硅酸盐——$NaAlSi_2O_6$，常含 Ca、Cr、Ni、Mn、Mg、Fe 等微量元素。

（2）矿物成分：以硬玉为主，次为绿辉石、钠铬辉石、霓石、角闪石、钠长石等。

（3）结晶特点：单斜晶系，常呈柱状、纤维状、毡状致密集合体，原料呈块状，次生料为砾石状。

（4）硬度：6.5~7.0。

（5）解理：细粒集合体无解理；粗大颗粒在断面上可见闪闪发亮的"蝇翅"。

（6）光泽：油脂光泽至玻璃光泽。

（7）透明度：半透明至不透明。

翡翠原石

（8）相对密度：3.30~3.36，通常为3.33。

（9）折射率：1.65~1.67，在折射仪上1.66附近有较模糊的阴影边界。

（10）颜色：丰富多彩，其中绿色为上品，按颜色可分为三种类型：①皮类颜色，指翡翠最外层表皮的颜色，其形成与后期风化作用有关。这类颜色为各种深浅不同的红色、黄色和灰色，其特点为，在靠近原料的外皮部分呈近同心状。红色常称为翡。②地子色，又称"底子"颜色，有底色之意，指绿色以外的其他颜色，为深浅不同的白色、油色、藕粉、灰色等。③绿类颜色，指翡翠的本色，这类颜色为各种深浅不同的绿色。有时绿中包含着黑色。绿色常称为翠。

（11）发光性：浅色翡翠在长波紫外光中发出暗淡的白光荧光，短波紫外光下无反应。

2. 翡翠的审美观点

按国际宝石学的观点，在矿物学上玉分为硬玉（也称翡翠，主要成分为 $NaAlSi_2O_6$）和软玉〔透闪石、阳起石一类 $Ca_2(Mg, Fe)Si_8O_2$〕。它们共同的特点是：①有相对好的硬度；②有致密的晶体结构，并有较好的韧性。

软玉或者说传统的白玉，在中国有8000年的使用历史，翡翠在中国只有三四百年的使用历史。然而，相比于传统的白玉，翡翠有其特有的美。翡翠因为韧性好，质地坚硬，所以具有白玉的"仁、义、智、勇、洁"的质地上的审美特质，又具有白玉难以比拟的色彩美。翡翠特有的美，我认为可以归结为："雅、韵、灵、巧、艳。"

翡翠的"雅"，指的是翡翠的雅致，精致的意思。说到"雅"

就一定会说到翡翠的一种相比于传统软玉比较特殊的颜色——紫色。紫色可以说是翡翠很特殊的颜色，宝玉石中极少能见到如此特别的颜色。紫色是一种高贵、雅致的颜色，行内俗称"春"色，注定是女性化的色彩。除了紫色，翡翠还有红、黄、绿、黑、蓝、白等颜色，五彩缤纷的色系让佩戴者可以有更多的选择，可以单色系搭配表达主题，可以撞色混搭突出个性。可以单件佩戴亮出清秀，可以小三件配置呈现气度，也可以制作成套的套件展现华贵，更能达到仅使用绑绳子佩戴就禅味十足。然而无论如何佩戴，均可以从容

紫色翡翠是其他宝石少有的颜色

地应对各种服装、背景色彩，而显得富丽大方、雍容华贵，格调高雅。这是白玉所不能体现的美。

翡翠的"韵"，指的是翡翠具有特殊的韵味，东西方美的相结合。翡翠的折射率高，颜色亮丽，使得翡翠比软玉更适合镶嵌，特别是以刻面宝石、钻石、红蓝宝等作为陪衬来镶嵌。翡翠镶嵌代表着现代东西方文化的交融和碰撞。从传统的观念来看，镶嵌之于翡翠，似乎没有宝石和钻石那么"理所当然"，然而，镶嵌

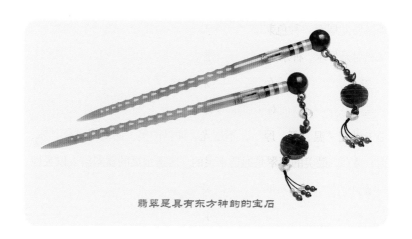

翡翠是具有东方神韵的宝石

设计却是翡翠首饰设计的一种趋势。如果说雕刻给了翡翠最初的生命，那么镶嵌设计将给予翡翠第二次生命。翡翠的东方韵味不仅能在雕刻中与东方文化融合，更能汲取西方的文明和设计思想，创造出翡翠所特有的韵美，这是白玉没有的。

冰、通、透是翡翠的重要特质

翡翠的"灵"，指翡翠的灵动、晶莹剔透的美感。白玉讲究"首德次符"，欣赏时在意它的质地细腻、温润胜于在意它的色泽。而人们对翡翠的欣赏也是这样的一个过程，不少玩家对翡翠的认识先是由"重色轻种"，再慢慢发展至"种色兼顾"。欧阳秋眉老师认为，仅仅颜色好的翡翠相对是好求，种水好的翡翠却难求，而种好色好的翡翠是难上难。"内行看种，外行看色"，究其原因，翡翠的耐看度和耐久度与种水是息息相关的。而对于质地的要求，白玉和翡翠也是有所区别的：白玉讲究"温、肥、厚"，不透光、油腻的美，而翡翠讲究"冰、通、透"，最美的翡翠是通透水灵的。通透水灵的翡翠给人以灵性，显得温润晶莹、水灵明澈、充满灵气和向上的正能量。

翡翠的"巧"，巧在颜色的多变，质地的多变，巧在工匠设计的巧思。翡翠讲究"巧"，而软玉更讲"拙"。巧和翡翠的光泽及多变的颜色有关，翡翠是玻璃光泽，而软玉是油脂光泽；翡翠色彩明亮而差异度大，而白玉色系相对沉稳而不绚丽。翡翠原料的色棉裂褶变化比软玉复杂得多，要求玉雕师能根据原料中出现的各种特征进行精巧的设计和制作。但"巧"，绝不是轻浮，而是更容易亲近，更考验玉雕者的智慧。好的玉雕师能根据一块翡翠原料的情况，从形、意、艺、色上进行创作，达到鬼斧神工之巧。

翡翠是同一宝石中具有的颜色较多的宝石之一，巧色成为翡翠的一种特色

　　翡翠之美，美在"艳"。翡翠的黄色、绿色等在软玉中也有相应的呈现，但由于致色元素不一样，翡翠的颜色要比白玉更为艳丽明亮，色谱更长，饱和度更高。例如，我们在欣赏翡翠的绿色时，强调"浓、阳、正、匀"，除了"匀"是说它的分布外，其他三个字都是说它的颜色力度。浓，要浓度足；阳，要亮丽；

艳丽的绿色诱人魂魄

正，颜色要不偏蓝，不偏黄，不灰暗。我们说翡翠的绿色叫"翠"，而软玉的绿色叫"碧"，比较发音，都感到这"翠"更铿锵有力，更干脆。

从翡翠种和色（灵和艳）的审美来看，翡翠不仅结合了中国传统和田玉的温润内敛之美，同时也具有西方钻石文化中的绚丽多彩。可以说，翡翠的美代表着现代的中庸美。钻石的美是绝对的西方文化的代表，钻石由单一碳元素组成，单纯、闪烁，她的美可以说是咄咄逼人的理性美。钻石有一种最典型的切割工艺，叫"理想型切工"，每个刻面，都可以经过光学的准确计算，得到最完美的数据。切割钻石时，只要无限接近这个角度，就能呈现钻石的亮度和火彩。钻石评级中可以用比色石来比较和衡量。而翡翠如何切割最美呢？没有定义，没有谁去定义完美切工、理想切工，也没有谁能给翡翠制作标准色谱和比色石。这和中西方文化体系差异类似，西方讲究科学和法律，连切个钻石都是计算精确的，中国讲究的是艺术和技术，艺术没有数据，只讲感觉，而切玉制玉的过程是艺术加技术。西方人讲个性，所以他们喜爱单晶体宝石，单晶体宝石最美状态是通透而闪亮的。最美的单晶体宝石，基本上都是刻面形的切工（除非有特殊光学效应，比如星光或者猫眼效应），锋芒毕露。中国人讲究和谐，重视家庭和宗族，翡翠多晶体，犹如家庭中的各个成员和谐相处，它注定更符合中国的审美。

如今，翡翠已经成为国人心目中最为高贵的珠宝。翡翠审美在延续了中国玉文化精髓的同时，更在一定程度上展现了中国人新时期在传统与创造中改变自我、追寻中国梦的理想诉求。她已经不仅仅是神物、德行和美丽的象征，也不仅仅用来代表权利、财富和地位，更是一种民族精神的符号，一种东方文化的代表。

二、缅甸翡翠的主要场区

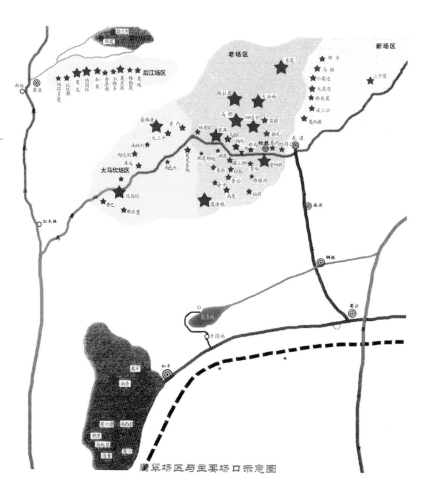

翡翠场区与主要场口示意图

场 区		特征表述
较大的场口有27个，最著名的场口是：老帕敢、会卡、大谷地、木那、格拉莫、次通卡等	帕敢场口	属历史名坑，开采最早。帕敢皮薄，皮以灰白及黄白色为主，结晶细、种好、透明度高、色足；个头较大，从几公斤到几百公斤，呈各种大小砾石，一般以产中低档砖头料为主。老帕敢以产皮壳乌黑似煤炭的黑乌砂著名，但已全部采完，目前市场所见乌砂均产自麻蒙，麻蒙的黑乌砂黑中带灰，水底一般较差，且常夹黑丝或白雾，绿色偏蓝
	会卡场口	皮壳杂色，以灰绿及灰黑色为主，透明度好坏不一，水底好坏分布不均，但有绿的地方水常较好。个体大小悬殊，大件的可达几百千克至上万千克
	木那场口	木那属于帕敢场区，同厂区其他著名场口还有灰卡、大谷地、四通卡、帕敢等28个以上场口。木那是其中一个场口名，分上木那和下木那，以盛产种色均匀的满色料出名，木那出的翡翠基本带有明显的点状棉
达马坎场区		该场区毗邻老场区，位于雾露河下游，是老场区出现一个世纪以后开始开采的。其中最著名的场口是：达马坎、黄巴、莫格跌、雀丙。皮壳多为褐灰色、黄红色，一般水与底均较好，但多白雾、黄雾。个头较小，一般1~2千克。此地还产如血似火之红翡，也较名贵
南奇场区		位于恩多湖南面，毗邻铁路线。较大的场口有8个，其中最著名的场口是南奇、莫罕、莫六等
后江场区		因位于坎底江（又称后江江畔）而得名。场区地形狭窄，长约3000多米，宽约150米，著名场口有后江、雷打场、加莫、莫守郭等。后江石产于河床冲击砂中。老后江产自冲击层之底部，皮薄呈灰绿黄色，个体很小，很少超过0.3千克，水好底好，常产满绿高翠，少雾，多裂纹，做出成品的颜色比原石变好（即翻色），且加工性能好，是制作戒面的理想用材。新后江的皮较老后江厚一些，个头较大，一般在3千克左右，水与底均比老厚江差，密度及硬度也略小，裂纹多，成品抛光后不及原石色彩好，即使满绿、高翠，也难做出高档饰品
雷打场区		位于后江上游的一座山上。该区主要是出产雷打石，因而得名。比较大的场口是那莫和勐兰邦。那莫即雷打的意思，雷打石多暴露在土层上，缺点是裂绺多，种干，硬度不够，难以取料，低货货较多。一旦遇上可取料的货，也有较高的价值。1992年以前勐兰邦不断发现中档色货。1992年年终雷打场传出惊人的消息，发现一块巨大如屋的上等翡翠，已由政府组织开采
新场区		该场区位于雾露河上游的两条支流之间。主要是大件料，产品多是白底青的中低档料，位于表土层下，开采很方便。场口不少，但消失得很快，如1991年场口，1992年场口早已停采。主要场口有：莫西撒、婆之公、格底莫、大莫边、小莫边、马撒、邦弄、三客塘、三卡莫

摩西撒场口

达马坎场口

龙潭场口

会卡场口

木那场口

莫湾基老场口(帕敢场口)

翡翠次生矿著名场区原石

老场区 小场区 大马坎场区　　　　后江场区

第一层
黄沙皮
阿瓦角

第一层
黄沙皮

第二层
红蜡壳
背瓦角

第三层
黑乌沙
黑蜡壳
甲枯角

毛层

第二层
红蜡壳

第四层
白黄蜡壳
善班角

毛层

第三层
黑乌沙
黑蜡壳

第五层
白黄蜡壳
普秧格跌

翡翠各场区矿层示意图

三、翡翠原石的基本概念

　　翡翠原石分为原生矿和次生矿两种。原生矿又可称为新坑无皮石；次生矿是指翡翠成矿后经过长期风化作用，与各种外界应力作用形成的形状各异、带皮的翡翠原料。

翡翠原石常有一层风化壳。由于风化壳的存在，以致无法观察到翡翠内部。而对翡翠原石的鉴定则主要是通过观察风化壳表面出现的各种现象，推断该翡翠原石内部质量的优劣。在翡翠原石表面除了会有皮色差异，还会有光洁度、致密程度、薄厚度等差异，且常常出现风化、松花、蟒、癣、雾等现象。

原石一般分为水石和山石，水石指矿工沿着乌龙江畔从河水中捞起来的圆圆的巨砾，这种石头通常有着薄薄的外皮。与之形成对照，山石一般有着厚厚的外皮。而缅甸道茂（Tawmaw）的沉积区那些直接现场被开采的、不规则的、相当大数量的翡翠原石

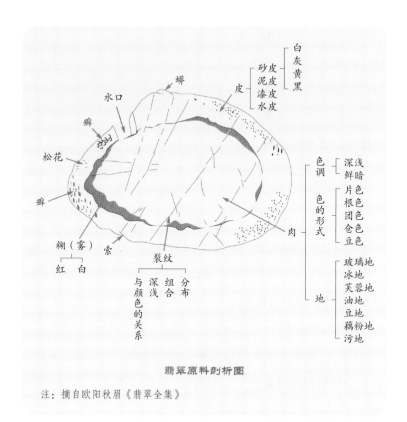

翡翠原料剖析图

注：摘自欧阳秋眉《翡翠全集》

为第三种类型。最好的质量和水石通常有关联。水石比山石更容易透出其质量和颜色。

原石品质的鉴别在翡翠行业是一种重要的能力，是赌石的关键内容。原石的鉴别要点有：

1. 场口的判断

由于不同场口所产的翡翠原石的品质相差很大，人们最常用的方法就是通过之前的经验来判断原石的品质，尤其是闷头料。比如白沙皮的石料可能来自莫西沙场区，大多种好，主要是赌棉。达摩坎的料则相对稳定。

部分擦皮的翡翠原石

2. 表面裂的判断

裂的方向、大小、深浅可以通过肉眼和强灯光照射加以判断。

3. 水路的判断

水路是出荧的重要部分，所以水路的粗细、长短、细腻与否是极为重要的品质鉴别部分。

4. 颜色的判断

颜色的多少会极大影响翡翠原石的价格。所以通过强灯光和经验判断颜色的走向、浓艳程度，是断定原石价格很重要的部分。

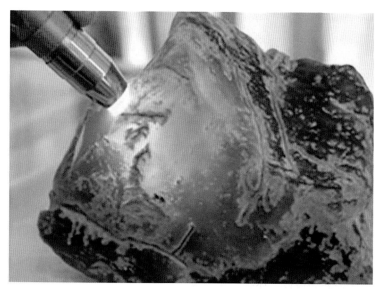

通过强光灯观察翡翠内部质地

5. 种水的判断

种水的好坏可以通过强光灯照射进行判断。是否有变种和种水的好坏以及是否能产生荧光是观察重点。

6. 质地的判断

若有开窗口的翡翠原石，只要通过门子在灯光配合下便能容易见到部分棉絮和脏点，以及晶体是否细腻。

7. 真假的判断

可以把原石泡在水中，若是有水泡产生，则要怀疑是否粘合过。若表面有不自然的光和色，可以用硬的物品适当刮划一下，防止有可能是喷漆处理的表面。还有焗色过的皮，颜色分布比较不自然。这部分会在下面重点提及。

四、翡翠从原石到成品的过程

1. 选料

翡翠玉料多带皮壳，故也称为"赌石"，也是其他玉石所没有的。

2. 开料

一般正常程序是先"擦皮"看玉石表面特征，比如翠色的走向，裂隙的发育与走向，翡色和紫色等颜色，黑色的分布状况，种水里外变化分析与估计，原石的外形等特征。

其次，根据原石整体状况与可能做加工的用途来最终确定是整个原料做雕件，还是切开来做。

3. 用途定位与设计

（1）做小件：考虑用途与出成品率。如圆雕件和手镯等。

（2）做小雕件：如做玉佩和腰牌等，要考虑做什么图案，既用上原料的优势特征，又符合雕件图案的要求。否则，容易出废品。

（3）做摆件：主题图案的选择确定与原料特征的关系密切，是非常关键的环节。如设计做人物类，关键是看原石是否有杂质，干净一点的部位做人物的脸，还要考虑原石是否够人物的比例使用等因素。

完美的翡翠玉器，都是经过创意设计精工而成的翡翠玉艺术品。雕件设计上根据原石色、种、水、形、裂、黑、玉质等特征，将原石提高到最大价值为原则。

4. 加工工艺流程

（1）切割：

①小件：分步切割成不同用途规格的大小，把不能用或不符

合规格的片料，改变其加工用途，达到物以尽用。

②摆件：根据设计图案要求，切割成大致毛坯。

（2）锎：用金刚石砂轮（粗号砂）进一步打去无用部分成粗毛坯。

（3）錾：用金刚石砂轮（中号砂）进一步打去凸凹部分和整个表面无用部分。

（4）冲：用金刚石砂轮或圆砣，将上一工序的粗毛坯，进一步冲成粗坯。

（5）磨：用各种规格磨砣磨出图案圆雕部分样坯，如水果、山石和树根等。

（6）雕：

①轧：用轧砣过细，开出人物、动物、山水和花卉等图案的外形。

②勾：用勾砣或各形钉勾出细纹饰，如人的鬓发、胡子、凤毛、动物鳞、动物毛和植物的叶纹等。

③收光：采用专用工具和材料，把前面雕刻工序的多余刻痕和"砂眼"磨平整。

5.打磨抛光工艺

（1）打磨：

①人工打磨：属半机械化，人工通过磨机，用各形金刚砂轮工具，从粗磨至细磨，精磨到亚光。

②机器打磨：属全机械化，通过振机用金刚砂完成从粗磨到细磨、精磨各工序。

（2）抛光：分人工抛光和机器抛光。

6. 装潢

摆件的配底座，高色件的镶嵌，玩件的绳饰，作品的包装等，后期装潢可达到艺术与价值的提升。

选料：根据加工用途选料，可以是赌料也可以是明料

切料：先"擦皮"看表面特征，再根据色和裂以及种水变化确定开料方案。同样的原石以不同方案切开会产生完全不同的效益

切割：根据设计图案要求，切割成大致毛坯

定位与设计：根据切开片料的特点进行作品类型和图案的设计，先在片料上画出创作作品的设计图案。设计会决定作品将来的受欢迎程度

铡：用金刚石砂轮（粗号砂）进一步打去无用部分成粗毛坯

錾：用金刚石砂轮（中号）进一步打去凸凹部分和整个表面无用部分

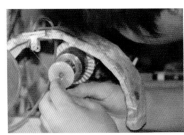

冲：用金刚石砂轮和圆砣，将上一工序的粗毛坯进一步冲成粗坯

磨：用各种规格磨砣磨出图案圆雕部分样坯，如水果、山石和树根等

雕：用轧砣过细，开出图案的外形。用勾砣或各形钉勾出细纹饰

打磨抛光：打磨抛光好的作品会保留雕刻纹饰的立体与雕"峰"风格，作品光亮出彩

五、赌石的艺术

赌石是一门经验艺术，主要通过表面的擦、切、磨三种方法来实现对内部价值的判断。因此卖家就会极尽所能地通过擦、切、磨的技巧来表现毛料的最大价值。而作为买家，通过经验看破玄机，不被表象所迷惑，客观地评价其内部特征，才能增加赌石赢的概率。

观察结晶大小。一般来说，翡翠砾石粗，皮料结晶就大，结构就松软，硬度就低，透明度就差，为翡翠之下品；细皮料结晶细小、结构紧密、质地细腻、硬度高、透明度好，其中，尤以皮色黑或黑红有光泽者为好。这种仔料行话称"狗屎蛋子"，多为翡翠的中上品。检测皮料结晶大小，常用沾水法，就是将翡翠砾石在水中沾湿后拿出来，查看表皮上所沾水分干得快慢。干得快者，说明其结晶粗大、结构松散，或裂纹孔隙多、质地差；反之，则说明其结晶细小、结构致密、质地好。

观察颜色，特别是绿色。绿色的多少和色质的好坏决定着翡翠的品质和价值，因此，要注意通过观察砾石内部绿色部分在表皮上显露的种种迹象，推断其内部绿色的状况。绿色的多少，与绿色部分的形态和分布特点有关。翡翠中的绿色部分以呈团状和条带状集中分布者较有价值。这样的绿色显露于表皮时往往呈团状或线状，有时也会呈片状。当绿色在表皮上以大面积片状出现时多为表皮绿，其内部往往无绿；而当绿色在表皮上呈线状或团状时，特别是当表皮上露出的绿线呈对称分布时，其绿会向内部延伸，甚至贯穿整块砾石。行话说"宁买一线，不买一片"。翡

强光灯是鉴别翡翠原石的重要工具

第 49 届内比都宝玉石投标现场

翠的硬度高，抗风化能力强。因此，表现在外皮上，大多相对凸起，其他矿物则相对凹下。前者的价值比后者高，行话又有“宁买一鼓，不买一瘠”的说法。

观察种水。一般只能通过开门子或薄皮部位使用强光照射，观察光线照入的深浅来衡量水头的长短，行内把光照进入翡翠 3mm 处称为一分水，光照进 6mm 和 9mm 称为两分水和三分水。光进入越深，说明种水越好。观察种水要从石料的不同角度照射，以判断石料深处是否有变种的可能。

观察裂纹。除了观皮辨里、辨色外，在评估翡翠原料时，还要注意查看裂纹（俗称绺裂）的发育情况。裂纹当然越少越好。一般采用强光压边照的方法对裂深进行判断。裂线越清楚、越暗，说明裂越深。

观察瑕疵。主要是杂筋、石纹、石花、杂色、脏点、翠性等，这些瑕疵是绝大部分翡翠具有的特点。一般情况下，这些瑕疵越少越好，除非可以制作怪状特色的作品。常使用强光照射观察。

翡翠原石的表面经常会出现许多小的人工凿的凹坑，这大多是卖家发现原石内部有瑕疵后故意雕的。常见的还有大块玉石原料上开个小窗口，这往往是内部种色效果不佳的表现。有的开天窗的片料不完整，缺少一部分，这种料很可能是卖家故意把好的部分收起，把差的取出来销售。有的开窗部位的绿色是镐的断口，用灯照射后，里面很绿，但奇怪的是，窗口部分没有抛光，这极有可能是由于其中的裂纹太多、水不好、绿内夹黑，或绿不正等原因。在赌石场，甚至还会有不法商人通过做色、胶合、填充等方式作假，让翡翠原石变得更迷人，观察时均要特别小心，谨防上当。

（参考徐军的《翡翠赌石技巧与鉴赏》）

六、翡翠的种类

大类别	细　分
玩件类	握件、小玩件、摆件
手镯类	贵妃镯、扁条镯、圆条镯、方条镯、绳纹镯、雕花镯等
吊坠类	根据镶嵌与否分：素件、镶嵌；根据题材分：人物、花件
戒面类	马鞍形、马眼形、椭圆形、圆形、正方形、长方形、心形、随形
项链类	圆珠链、套链
戒指类	扳指、指环、戒指
耳环类	耳钉、耳坠
胸针类	衣领口、袖扣、胸饰等
其他	包挂、车挂、步摇、皮带扣、纽扣、耳挖、刮痧板等

扳指

手镯

椭圆形蛋面

玩件

小摆件

包坠

项链

胸针、坠子两用

耳坠

以上是从佩戴功能角度进行分类。还可以从翡翠的颜色、种水、质地、坑口等角度进行分类。

第二章　翡翠的雕刻与镶嵌

一、翡翠的雕刻

切、磋、琢、磨是翡翠雕刻所用的工艺程序。切，即解料，解玉要用无齿的锯加解玉砂，将玉料分开；磋，是用圆锯进行修治；琢，是用钻、锥等工具雕琢花纹、钻孔；磨，是最后一道工序，用精细的抛光粉、钻石粉进行抛光，使翡翠产生玻璃光泽。千百年来，玉石雕刻过程中的切磋和琢磨这两个词表达了雕刻过程艰辛的同时，亦成为人民日常生活中的常用语且被沿用至今。翡翠内部变化多样复杂，使得雕刻过程中的切石和雕琢更具挑战和智慧。下面我就如何切石、如何雕琢谈谈体会。

翡翠的主要雕刻工艺技法：

浮雕：指凸雕，有浅浮雕、深浮雕，还有俏色雕，如：福禄寿禧等。

透雕：是指透空雕，有十字透空雕、圆形透空雕、纹饰透空雕等，如：动物的下肢和树枝等。

镂雕：是指将玉石镂空，而不透空，有深镂空（如：花瓶、笔筒等）和浅镂空（如：笔洗、烟缸等）。

线雕：是指线刻、丝雕，如：人物的头发，动物的毛发和水浪等。

阴雕：是指凹下部分的一种雕刻方法，如：阴阳八卦等。

圆雕：是指圆弧形雕刻，如：茶壶、茶杯和球形玉件等。

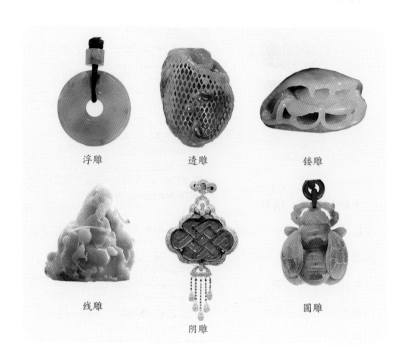

浮雕　　　　　　透雕　　　　　　镂雕

线雕　　　　　　阴雕　　　　　　圆雕

1. 切石的艺术

切割翡翠原石是翡翠产业链条最为困难也是最为重要的流程。所以一块昂贵的原石需要不断地切磋和交流是十分正常的事。当然，同一块石料不同人有不同的切法，没有标准，没有对错。一般情况下，切石还是有着一定的思考模式和技巧的。首先，在切石料前需根据经验，从不同角度、不同可能性对石料内部进行判断。比如在强灯光照射下观察色的线路和深浅，通过水的帮助观察石料的石性，以及想象成品的效果。其次，定位好要做的作

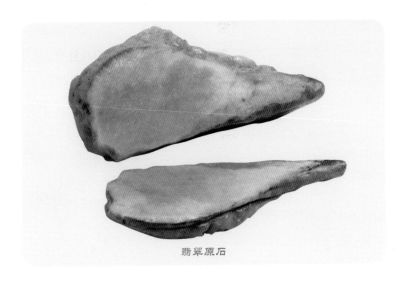

翡翠原石

品的主题和数量，估算能产生的价值。这里往往有多种可能性，一般取最有把握和概率最高的方式进行切割。用铅笔在原石上画下路线图。再次，要根据材料的情况选择刀片的大小和厚薄，沿设定的线路进行切割，边切割边检查之前判断的准确性，并根据准确率的高低进行重新定位和修正。这一部分切割的重点是稳准，常用的方法是推式和拉式切割法。若发现内部变化与设想有较大出入，一般会先停止工作，让时间来消化和理解它。一旦切成想要做的形体后，需要进行重修形体，关键点是与所要表达的主题作品的美感一致，比如笑佛就要有大肚感表达乐观，葫芦就要有饱满度。对于切好的体块，要思考正反面的位置选择，对于色根需要考虑色带对整体颜色的影响，对于有瑕疵的部分要思考避开的路线和思路。对于人物要特别注重脸部位置的选择，减少瑕疵出现在最显眼的地方，进而影响将来的售价。

2. 雕刻的工艺

雕刻是翡翠获得生命、得到重生的关键机会。根据材料不同选取不同的工艺表达，是对翡翠的一种责任和使命。纵然是体质欠佳、先天不足，总会有能工巧匠化腐朽为神奇，当然在对翡翠进行整容手术的过程中也慢慢产生了各种雕刻技法。翡翠雕刻常用的工艺是浮雕、圆雕、透雕、镂空雕等，在使用各种艺法的实践中，不同区域的工艺师为了迎合不同消费群体的价值取向和需求，逐渐形成了独具特色的风格。传统分为四大派系。"北派"——京、津、辽宁一带玉雕形成的雕琢风格，多受皇家文化影响，同时融入了北方少数民族豪放的风格。"北派"玉雕有庄重大方、厚重沉稳、古朴典雅的特点。"扬派"——扬州地区玉雕所表现的独特工艺。"扬派"玉雕讲究章法，工艺精湛，造型古雅秀丽，其中尤以山子雕最具特色。"海派"——以上海为中心地区的玉雕艺术风格。"海派"以器皿（以仿青铜器为主）之精致、人物动物造型之生动传神为特色，雕琢细腻，造型严谨，庄重古雅。"南派"——广东、福建一带的玉雕，由于长期受竹木牙雕工艺和东南亚文化影响，在镂空雕、多层玉球和高档翡翠首饰的雕琢上，也独树一帜，造型丰满，呼应传神，工艺玲珑，形成"南派"艺术风格。

在四大派系的基础上，极个别对翡翠雕刻工艺有着划时代思考的大师级雕刻大师对翡翠雕刻行业进行了深入的探索和创新，对翡翠工艺的发展有着极大的贡献。比如台湾的翡翠雕刻大师叶金龙老师，把作品定位于花草、昆虫等小生命，以表达当代和谐社会的大主题，作品以高难度的镂空技术进行雕刻，结合结构力学和构图学，以全新的角度诠释翡翠作品，工艺细腻大胆。施禀谋大师把作品做成画作，根据原石的特点，就料取料，创作主题翡翠画，对翡翠工艺的发展有着极大的推进作用。

叶金龙老师的镂空作品

沈理达讲翡翠

27

二、翡翠雕刻工艺评价

要　素	特征表述
力度	雕线深浅到位，对作品艺术感影响大
线条	要求简单、飘逸、流畅、干练
艺术功力	把材料和主题结合的功力，表达方式独到
理念	要有文化底蕴，有创意，有思想，结合自己的亲身体会和生活感悟
弧度	蛋面和人物脸部，弧度对美感影响最大
比例	繁与简，留白和做工部分的比例
构图	根据需要表达的主题思想进行构图
细节	细部特征的把握与刻画
内容	题材新颖，有独特的想法
创新	技术创新，题材创新，工艺创新

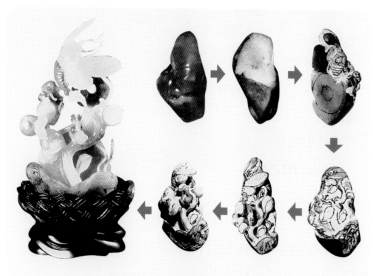

《迎春》作品摆件设计做工过程

注：雕刻大师叶金龙提供

三、翡翠巧雕工艺评价

1. 评价要素

（1）色巧

翡翠有红蓝绿紫黄黑白等颜色，把颜色巧妙利用，比如把黑色的点作为眼睛的眼珠，会很形象，把黄色的皮作为蜗牛的壳，红色做关公等。

（2）型巧

原石的形状大小无数，可以根据形状的不同进行设计，比如就石头形状做成三脚金蟾等，就石头形状做出有艺术感的随形作品。

（3）艺巧

通过工艺的处理雕刻出巧夺天工的物件，如镂空技艺的花鸟鱼虫类作品。

（4）意巧

有时代感和生命力的作品，如把生命的赞歌化为作品，成为意义深远的艺术精品。

（5）料巧

把一般的材料做出不一样的效果，比如把黑色和绿色相混较脏的材料做成豆芽，把黄色和黑色做成枯木逢春。

2. 翡翠巧作思路

翡翠是单斜晶体的矿物，属于多晶体纤维结构的宝石。其色彩、种水、质地以及由此而呈现出的美艳、灵动、柔美是最讨人喜欢的地方，有许多翡翠作品依着这些特点，淋漓尽致地表达翡翠之美，通过形体、寓意，巧妙使用颜色进行创作。这方面的作品很多，俗

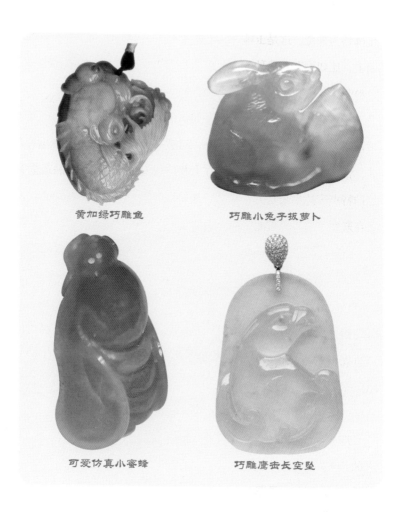

黄加绿巧雕鱼　　　　　巧雕小兔子拔萝卜

可爱仿真小蜜蜂　　　　巧雕鹰击长空坠

称俏色。比如使用原石中的小色点来作为动物或小鸟的眼睛，达到画龙点睛的效果。利用翡翠风化层进行创作也是常用的巧作，比如创作破茧而出的作品。呼应是巧作的一种重要表达方式。利用原料的形状和色彩变化做前后呼应以强化主题。对于小的翡翠水料和创作，其巧的最高境界应是自然天成，就料而作，顺势而为。

　　然而好的翡翠原料毕竟有限，有棉有裂有黑点有瑕疵的原石还是占有很大的一部分。如何运用包容这些先天的不足进行创作从而化腐朽为神奇，这是玉雕工作者最为有意义的工作了。在色彩的运用上，比如用有乌鸡种的黑白色翡翠制作斑点狗就很形象，使用皮色料制作花生、饼干等也很生动，使用有黑斑的干青翡翠制作成青蛙，栩栩如生。在棉的运用上，如棉多的木那坑口种好料制作《风雪夜归人》《踏雪寻梅》等作品，对裂的处理，一般采用避开的方式，常用的方法是把裂纹隐匿在大物件的大线条中。把作品最为突出的特点表达出来是另一种巧，如翡翠原料的特点是种好裂多，就要在避裂的同时尽可能多地使用面来表达原料的冰通透的特点。

四、翡翠的镶嵌

镶嵌是用贵金属，如黄金、铂金、白银、K 金等对翡翠物件进行完美的包扎，改变和突出翡翠单一的素身形象，达到保护、增美、增值的目的。

1. 爪镶法（也称抓镶法）

爪是指焊接在戒托上突出的小细齿，也可从戒托上车出细齿，以爪紧紧压住石体的边沿，所以称之为爪镶法。一般分为四爪、六爪、双八爪。

爪镶的翡翠

2. 钉镶法（也称硬镶法）

钉形似爪，由戒托上起出能压住宝石边缘的平顶小"钉"，钉铆住宝石，钉不能是另外焊接上的。钉镶法必须注意宝石不能座得太深，也不能太浅，要与戒托协调匀称。钉镶法分四钉镶、

钉镶的翡翠

藏镶、爪镶、钉镶的完美结合

迫镶的翡翠

对角钉镶和密钉镶法三种。

3. 迫镶法（也称槽镶法）

不用勾爪，采用宝石紧密排镶的方法，金属爪子完全看不见，宛如用线缝起来一样，把宝石沿着缝隙一个挨一个地镶进去。基本做法是在戒托上分别钻出直而平行的小槽坑，宝石就镶嵌在槽坑里。这种镶法最适用于条形或长形的宝石造型。

4. 筒镶法（也称跳井镶、包边镶、槽坑镶）

基本与迫镶法相似，只是大同小异而已。多用于圆形、椭圆形、蛋形的宝石，所钻出的槽坑只要相同于宝石的圆形边沿即可，不需要平行。

5. "压丝嵌宝"镶嵌法

在有裂柳的成品上开出口窄底宽的细小深沟，把圆形的金线条或银丝条顺沟压入，起到联结和装饰作用，既美观又适用，俗称金镶玉。

6. 卡镶

利用金属的张力固定钻石的腰部或者腰部与底尖的部分，是时下较为新潮的款式。

步骤1：做蜡　　步骤2：执模调位

步骤6：抛光　　步骤3：调石位

成品　　步骤5：执边组装　　步骤4：镶石

翡翠的镶嵌制作过程

7. 藏镶

又称抹镶，是把钻石镶嵌在金属较厚或面积较大之部分，钻石的亭部不会外露，是一种非常稳固和持久的镶嵌方法。由于这种镶嵌法没有爪子，令饰件看来平滑干净，特别适合日常配戴的饰件。

五、翡翠镶嵌工艺评价

1. 好的工艺

光泽好，颜色突出，造型完整。具体焊接点光洁，石体与底座紧密无隙，雕花和图案清晰有力，整体布局既协调又规整，生动真实地体现出设计思想的精华。

2. 一般的工艺

型体基本表达，镶嵌工艺不平整，偶有粗糙痕迹，配石不顺畅，用金过量或过少使得整体布局失衡。

3. 差的工艺

表面光泽暗淡，焊接处有孔洞或气泡，东倒西歪，配石规格偏大偏小。与设计大相径庭，细看毛病百出，饰用起来扎痛手指和划破衣服。

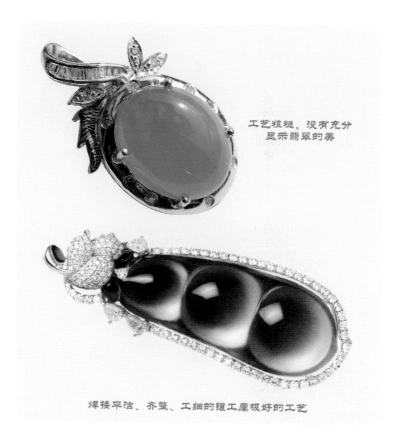

工艺粗糙，没有充分显示翡翠的美

焊接平洁、齐整、工细的镶工属极好的工艺

六、不同时代翡翠风格比较

鉴赏群体	发展阶段	时间	特　点	文化演变	主流作品
皇帝的翡翠	雏形阶段	清至民国	在清代，翡翠玉较为普及是在清晚期慈禧太后的时代（1835—1908年），道光至光绪年间得以较大地发展	以统治者喜好为审美标准，以吉祥寓意为主题的作品占据较大份额	源于慈禧太后比较喜欢晶莹剔透和翠绿色的翡翠玉，有翡翠玉西瓜、翡翠玉白菜和众多的翡翠玉饰品；翡翠玉原石的选择、翡翠玉的设计和雕工考究
贵族的翡翠	低迷阶段	民国至改革开放	进入民国时期（1919—1936年间），国民政府鼓励实业，经济发展，翡翠得到一定的发展，但后来由于时局不稳，翡翠玉的发展逐渐进入低潮期，这一时期翡翠玉的设计开始引入西方的理念，雕工也开始有了新的变化。因此，这段时期的中国翡翠市场处于发展的低迷阶段	主要以逃离资产存在，大多以祖传的形式留传，市场不大。大众知之甚少	以易携带的素件为主，以宋庆龄的满绿手镯最为有名
人民的翡翠	发展阶段	改革开放至现在	由于珠宝属于资本主义的生活方式，大大缩小了翡翠的市场空间，思想开放后所有人均可以以较低的成本拥有翡翠	市场开始出现ABCD真假货，同时也分化出各种需求，把金和绳木等艺术加入翡翠。翡翠主要在东南亚流通	素件和镶嵌设计品多样，设计和工艺与世界珠宝靠近
富人的翡翠	成熟阶段	将来30年	由于资源的减少和价格的急骤上涨，使得一般大众已很难消费得起宝石意义上的翡翠	镶嵌和设计被市场广泛接受，翡翠进入国际市场	高色简单的作品成为市场追逐的方向

沈理达 讲 翡翠

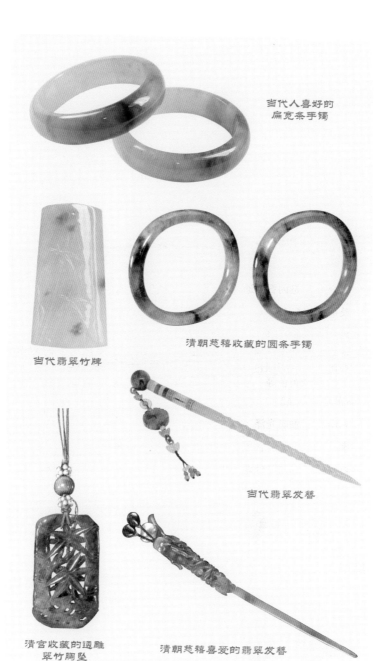

当代人喜好的
扁宽条手镯

当代翡翠竹牌

清朝慈禧收藏的圆条手镯

当代翡翠发簪

清宫收藏的透雕
翠竹胸坠

清朝慈禧喜爱的翡翠发簪

第三章　翡翠的鉴别

一、翡翠与白玉的区别

参数＼品名	白　玉	翡　翠
成分	透闪石或透辉石	钠铝硅酸盐
硬度	6~6.5	6.5~7
比重	2.3~3.1	3.30~3.36
颜色	软玉一般分布比较均匀，有碧绿色、黑色、白色、黄色等	颜色分布不均匀，有翠绿色、红翡色、黄翡色、紫色、黑色等
折射率	1.62	1.66
光泽	油脂光泽	玻璃光泽
审美	浑厚、含蓄、温润	绚丽、富贵、灵动
内涵	内敛、低调、礼乐	张扬、个性、内修外现

翡翠美在绚丽、富贵、灵动

白玉美在浑厚、含蓄、温润

二、天然翡翠的特征

1. 翠性特征

翠性指的是翡翠的未抛光面呈现出来的晶体的类似苍蝇翅膀的放光效应。这种性质在岫玉、石英当中都是没有的。需要注意的是，在抛光翡翠成品中，当翡翠晶体颗粒较大时，翠性凭肉眼清晰可见，如果晶粒细时，须借助于 10 倍放大镜才可见到翠性。晶粒极细的高档玻璃底翡翠，须借助于显微镜放大 40 倍左右，才能观察到翠性。由此可见，翠性虽然是翡翠的鉴定特征，但翠性越不明显，则说明翡翠的品质越高。

2. 颜色分布与生长自然

天然的翡翠颜色往往是顺着纹理方向展布，有色的部分与无色部分呈自然过渡，色形有首有尾，颜色看上去仿佛是从其纤维状组织或粒状晶体内部长出来的（俗称有色根），和晶体是结合在一起的，沉着而不空泛。染色翡翠的绿色则感觉很空泛，有浮在晶体上面的感觉，没有色根。天然的绿色在查尔斯滤色镜下观察不变红，为灰绿色（但必须说明，这并不能作为鉴定天然绿色的标志，因为有些 B+C 货在查尔斯滤色镜下也是不变色的）。

3. 光泽强

抛光面具有玻璃光泽或亚玻璃光泽，折射率较高，为 1.66 左右。

4. 硬度高

硬度为 6.5~7，高于所有其他玉石。

5. 密度较大

翡翠的平均密度为 $3.33g/cm^3$，在二碘甲烷中呈悬浮状。

天然翡翠具有真、美、少、硬的特质

6. 表面多"橘皮结构"

在宝石显微镜或高倍放大镜下观察,大多数天然翡翠的表面为"橘皮结构",当翡翠的晶粒或纤维较粗时,其表面很可能会有一些粗糙不平或凹下去的斑块,但未凹下去的表面显得比较平滑,无网纹结构和充填现象。B货或者B+C货翡翠因为经过酸洗,表面有酸蚀的网纹现象。

7. 敲击的声音清脆

玉块碰击被测翡翠手镯,若是 A 货,则发出相对清脆的"钢音",若不是 A 货,则声音沉闷。然而,听声音仅仅只能供参考,作假工艺"高超"的 B 货，以及大多数的 C 货，在一般人听起来，其声音与天然翡翠几乎没有差别。质地不够致密的翡翠也可能有沉闷的声音出现。声音还和镯子的粗细、口径的大小有关。

8. 成分无异常

用电子探针可以迅速而准确地确定出其主要化学成分，一般情况如下：

氧化钠（Na_2O）：13% 左右；

三氧化二铝（Al_2O_3）：24% 左右；

二氧化硅（SiO_2）：59% 左右。

三、翡翠与主要相似玉石的鉴识

1. 软玉与翡翠的区别

（1）表面特征：抛光的碧玉常出现油脂光泽，肉眼看不到橘皮现象（如下图）。

（2）颜色特征：墨绿色碧玉的色调与瓜青翡翠相似，但颜色分布一般很均匀，常有呈四方形的黑色色斑。

（3）结构：软玉以纤维状结构和毡状结构为主，没有翡翠特有的翠性。

（4）折光率：软玉为 1.61~1.62，小于翡翠。

（5）相对密度：软玉为 2.95~3.05，小于翡翠。

俄罗斯色好的碧玉

2. 钠长石玉与翡翠的区别

钠长石玉又称"水沫子"，是与缅甸翡翠伴生（共生）的一种玉石。鉴别特征是：

种好无色水沫子

（1）折射率：1.53左右，比翡翠低。所以，钠长石玉的透明度好，为透明到半透明，相当于翡翠的冰地到藕粉地，但是其光泽为蜡状到亚玻璃状光泽，同样质地的翡翠为玻璃光泽。

（2）相对密度：2.66左右，比翡翠低，同体积的玉石比翡翠轻1/3。

（3）内含物：钠长石玉常出现圆点状、棒状、棉花状的白色絮状石花；翡翠比较少见这种类型的石花。

（4）碰撞敲击声：与同等透明度的翡翠比较，声音不够清脆。

（5）光谱：没有翡翠特有的437nm吸收线。

3. 钙铝榴石玉与翡翠的区别

（1）绿色色斑：钙铝榴石玉的绿色呈点状色斑（如下图），而翡翠呈脉状。

（2）光泽：钙铝榴石玉饰品的光泽差，不易抛光。

（3）查尔斯滤色镜：钙铝榴石玉的绿色部分在查尔斯滤色镜下变红或橙红色。

极品钙铝榴石玉

（4）钙铝榴石

玉的折光率 1.74 和相对密度 3.50 都大于翡翠。

4. 独山玉与翡翠的区别

优质独山玉色彩鲜艳、质地细腻

（1）掂重量：在密度上独山玉（2.73~3.18）相对要比翡翠（3.32）的小，因此手掂起来独山玉相对要显得轻飘，翡翠则有沉重坠手感。

（2）看结构：独山玉主要由斜长石类矿物组成，主要是糖粒状的结构，表现为内部颗粒都为等粒大小；翡翠主要是由硬玉矿物组成，表现的是典型的交织结构。利用侧光或透射光照明下，独山玉可以看到等大的颗粒；翡翠的颗粒则不均匀，而且互相交织在一起。

（3）看光泽：独山玉折射率变化大，但主要是在 1.52~1.56，低于翡翠。独山玉虽然粒度细，但由于不同种类矿物的硬度差别大，分布不均匀，所以抛光面往往不平整，抛光质量往往不好，油脂光泽明显。

（4）看硬度：独山玉的硬度为 6~6.5，低于翡翠，表面也相对容易出现一些划痕或摩擦痕。

（5）看色调：独山玉是多色玉石，由于主要是长石类矿物，尤其会显示一些肉红色至棕色之间的色调，成为独山玉的特色色调，翡翠则一般不会出现肉红色；另外，独山玉的绿色色调偏暗，翡翠的绿色可以出现翠绿色，比较鲜艳。

5. 岫玉（蛇纹石玉）与翡翠的区别

（1）结构特征：蛇纹石玉的结构细致，没有翠性的显示。

即使在显微镜下也看不出粒状结构，它的抛光表面上一般没有橘皮效应的现象。

极品岫玉

（2）光泽：翡翠的光泽为玻璃光泽，蛇纹石玉为亚玻璃光泽。它的折射率是1.56左右，低于翡翠的1.66。

（3）内含物特征：蛇纹石玉常有白色云雾状的团块，各种金属矿物，如黑色的铬铁矿和具有强烈金属光泽的硫化物。

（4）相对密度：蛇纹石玉的相对密度为2.57，比翡翠小很多，手掂就会感到其比较轻。用静水称重或重液可以准确地加以区别。

（5）硬度：大部分的蛇纹石玉的硬度低，一般可被刻刀刻动，但要注意有些岫岩产的蛇纹石玉的硬度可以达到5.5，比小刀的硬度大，也比玻璃的硬度大，可以在玻璃上刻画出条痕。

6. 绿玉髓与翡翠的区别

（1）结构特征：隐晶质结构比较普遍，有时有玛瑙纹出现。抛光表面一般没有橘皮效应的现象，没有翡翠常有的色根、色脉等现象。

阳绿玉髓

（2）颜色特征：颜色比较浅,比较均匀。(如左图)

（3）折射率: 1.54左右，比翡翠小。

（4）相对密度: 2.6左右，比翡翠小很多。

（5）吸收光谱：绿色玉髓是铁致色的，在光谱中看不到 Cr 的吸收线，也没有翡翠的 437nm 的吸收线。

7. 染色石英岩（俗称马来玉）与翡翠的区别

染色石英岩

（1）丝瓜瓤构造：由于绿色浓集在粒间空隙造成的。

（2）滚筒抛光凹坑：许多戒面的底面呈内凹状。

（3）颜色：均匀，油青色的品种底色干净没有黄色调。

（4）结构：没有色根、翠性等。

（5）折射率：1.55，比翡翠低。

（6）相对密度：2.80 左右，比翡翠低。

8. 玻璃与翡翠的区别

（1）颜色特征：仿翡翠玻璃的颜色比较均匀，没有"色根"。

（2）包裹体：仿翡翠玻璃中常可见到气泡，特别是早期的料器，气泡特别明显，现代制作工艺较好的仿翡翠玻璃的气泡虽然比较

玻璃仿品可见水泡

小，但用十倍放大镜配合手电光照明也能看到。气泡呈鱼眼状、立体的、圆形，也有的气泡会成串出现在作品的某一部位。

（3）结构：一种脱玻化的绿色玻璃呈现有放射状（或草丛

状）镶嵌状的图案（肉眼下即可见），另一种称为"南非玉"的玻璃，稍为放大，即可见到羊齿植物状的图案。翡翠为各种粒状结构。

（4）相对密度：玻璃相对密度2.5左右，比翡翠低。

（5）折射率：玻璃一般1.54左右，比翡翠低。

9. 翡翠与相似玉石的宝石学性质小结

翡翠及相似玉石的主要特征见下表。

玉石	折射率	重液反应（二碘甲烷）	查尔斯滤色镜反应	吸收光谱特征	外观特征（放大观察）
翡翠	1.66	3.30~3.36 悬浮或缓慢浮或沉	不变红	红光区可显三条吸收带，紫光区437nm有一吸收线	颜色不均匀，有色根，有翠性，粒状结构，橘皮效应，石花，石脑
软玉	1.62	2.95 漂浮	不变红	绿区509nm有一吸收线	颜色均匀，光泽柔和，黑色点状分布
钠长石玉	1.53	2.66 漂浮	不变红	无	有白色絮状物，墨绿色、灰蓝色的飘花
钙铝榴石	1.74	3.45 下沉	粉红色	蓝区可显吸收带（461nm）	颜色不均匀，常成点状、小团块色斑
独山玉	1.56~1.70	2.73~3.18 漂浮	粉红色	无	有斑杂状色斑、黑色点状内含物
蛇纹石玉	1.56~1.57	2.44~2.84 漂浮	不变红	无	有絮状物、黑色包体、强光泽的硫化物
绿玉髓	1.53	2.65 漂浮	不变红	无特征吸收谱线	颜色均匀，无色脉状
染色石英岩	1.54	2.60 漂浮	不变红或粉红色	红区660~680nm有吸收窄带	颜色集中于粒间间隙，呈树根状分布
玻璃	1.66	3.32 悬浮	不变红	无特征吸收谱线	具羊齿植物叶脉纹路

软玉（新疆玉）

蛇纹石（岫玉）

糟化石（独山玉）

水钙铝榴石
（青海翠、非洲玉）

绿玉髓

耀石英（东陵玉）

染色石英岩
（马来西亚玉）

Mete-Jade
（脱玻化玻璃）

天然钠长石玉
（水沫子）

四、翡翠的ABCD

翡翠A、B、C货鉴定特征对比表

鉴定项目 \ 翡翠类别	A货翡翠	B货翡翠	C货翡翠
颜色	颜色真实自然，有色根	颜色呆板，沉闷	颜色不自然，鲜艳中带邪色，无色根
光泽	油脂——玻璃光泽	光泽弱，呈蜡状、树脂光泽	光泽弱，呈蜡状、树脂光泽
放大观察表面特征	表面细腻致密，光洁度高，可见翠性	表面不够光洁，可见砂眼、腐蚀凹坑（腐蚀网纹），结构松散	表面不够光洁，可见颜色沿颗粒空隙及裂隙分布浓集
底与色	底与色协调自然	底与色不协调，无自然过渡	底与色不协调，颜色艳丽
铁迹	可见铁迹	底很干净很白，不见杂质和铁迹	
荧光/检测	长波紫外光下无或弱荧光	长波紫外光下可见胶的荧光	染紫色翡翠有荧光
红外/光谱	3200~3600cm^{-1}处有吸收峰	（2400~2600cm^{-1}）和（2800~3200cm^{-1}）有强吸收峰	
吸收/光谱	鲜绿色翡翠在红区有三条阶梯状吸收线		染绿色翡翠在红区有一个模糊吸收带

注：据欧阳秋眉《翡翠ABC》

颜色不自然，无色根

色与底色不协调

颜色不自然，鲜艳中带邪色

老化后可见蜘蛛网纹，光泽弱

1.A货

既是天然质地，也是天然色泽。鉴别办法从以下三点着眼。

（1）三思而行、斟酌行事。由于矿藏和开采量的关系及人们需求量较大的特定条件，目前市场上很好的翡翠玉较少。特别是颜色翠绿、地子透亮的品种则少之又少。

（2）一般如秧苗绿、波菜绿、翡色或紫罗兰飘花的品种当为常见。

（3）灯光下肉眼观察，质地细腻、颜色柔和、石纹明显；轻微撞击，声音清脆悦耳；手掂有沉重感，明显区别于其他石质。

2.B货

将有黑斑（俗称"脏"）的翡翠，用强酸浸泡、腐蚀，去掉"脏""棉"增加透明度，再用高压将环

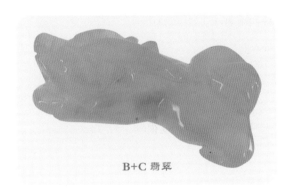

B+C 翡翠

氧树脂或替代充填物注入用强酸腐蚀而产生的微裂隙中，起到充填、固结裂隙的作用。

（1）B货初看颜色不错，仔细观察，颜色发吊发邪，灯下观察，色彩透明度减弱。

（2）B货在两年内逐渐失去光泽，满身裂纹，变得很丑。这是由强酸对其原有品质的破坏引起的。

（3）密度下降、重量减轻。轻微撞击，声音发闷，失去了A货的清脆声。

3.C货

完全人工注色。

（1）第一眼观察，颜色就不正，发邪。

（2）灯下细看，颜色不是自然地存在于硬玉晶体的内部，而是充填在矿物的裂隙中，呈现网状分布，没有色根。

（3）用查尔斯滤色镜观察，绿色变红或无色。

（4）用强力褪字灵擦洗，表面颜色能够去掉或变为褐色。

4.D货

冒充翡翠饰品的 D 货主要有以下两大类。

（1）玉石类。即其他玉质冒充翡翠。主要有泰国翠玉和马来西亚翠玉、南阳独山玉、青海翠玉、密玉和澳洲绿玉及东陵石等。上述翠玉与翡翠的区别：一是硬度低，二是密度小（重量轻），三是光泽较弱。

（2）绿色玻璃及绿色塑料。这些替代品大部分颜色发呆难看，光泽很弱，相对密度很轻，硬度低（用钉子可以刻动），无凉感。

五、翡翠的实验室鉴定流程

（1）天平测重量。

（2）鉴定者以肉眼观察翡翠的外观，看它的颜色、透明度、形状外观和光泽。翡翠的光泽应是玻璃光泽，如果有些翡翠外观是蜡状光泽，则被怀疑是 B 货翡翠。

（3）用折射仪测定折射率。折射率是宝石非常重要的光学性质，不同的宝石有不同的折射率，测出准确的折射率就能断定这是什么宝石。翡翠的折射率为 1.66 左右，而外观近似翡翠的绿

色软玉折射率为 1.61~1.63，而冒充翡翠的石英类玉石折射率为
1.54。

（4）用显微镜观察翡翠的内部结构。翡翠的结构是粒状镶
嵌变晶结构，这是地质学的一个术语，是说翡翠是由很多小矿物
颗粒组成，这些小矿物颗粒有粒状、纤维状、长柱与短柱状，成
互相镶嵌的排列。这种结构行家称之为"翠性"，是行家用肉眼
鉴定的重要依据，很多人称之为"苍蝇翅"。而在显微镜下观察
B 货翡翠，能看出翡翠的结构已经被破坏，结构疏松，在小矿物
颗料之间还充填有树脂。

（5）用分光镜测定翡翠的吸收光谱。分光镜能测出宝石对
各个波长的光吸收程度，不同的宝石对光有不同的吸收特点，绿
色翡翠对波长 489~503nm、690~710nm 的光有吸收，这两条吸收
光谱就是翡翠对光的吸收特点。

（6）用荧光灯观察翡翠是否有荧光。纯净的翡翠在紫外光
照射下不产生荧光，B 货翡翠由于后注胶而发出粉蓝色荧光。

（7）用比重液测比重。把翡翠放到不同比重的比重液中，
在与翡翠比重相同的比重液中，翡翠悬浮其中，既不沉底也不
漂浮。翡翠的比重在 3.25~3.4，而 B 货翡翠由于内部注胶，比
重会较轻。

（8）用滤色镜检查。使用人工含铬染料染色的 C 货翡翠，
在查尔斯滤色镜下是红色，而天然颜色的翡翠不变色。有些特殊
染料染色的翡翠在查尔斯滤色镜下也不变色。

（9）用红外光谱仪测定翡翠的吸收光谱。天然翡翠有特定的
吸收光谱，当在吸收光谱中出现明显的树脂的吸收带时，可以肯定
为树脂充填的 B 货翡翠。这一方法是鉴定 B 货翡翠非常有效的方法。

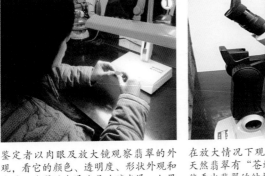

鉴定者以肉眼及放大镜观察翡翠的外观，看它的颜色、透明度、形状外观和光泽。翡翠的光泽应是玻璃光泽，如果有些翡翠外观是蜡状光泽，则应怀疑是B货翡翠

在放大情况下观察翡翠的内部结构。天然翡翠有"苍蝇翅"特质。B货翡翠能看出翡翠的结构已经被破坏，结构疏松，在小矿物颗粒之间还填充有树脂

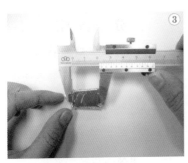

量大小

天平称重与测比重。一般翡翠的比重是 $3.30g/cm^3$~$3.36g/cm^3$

偏光镜鉴别是否为非晶质仿品。天然翡翠转动360° 全亮，玻璃等仿品转动360° 全暗

折射仪测折射率。翡翠的折射率为1.66左右，而外观近似翡翠的绿色软玉折射率为1.61~1.63，而冒充翡翠的石英类玉石折射率为1.54

用滤色镜检查。使用人工含铬染料染色的C货翡翠，在查尔斯滤色镜下是红色，而天然颜色的翡翠不变色

用分光镜测定翡翠的吸收光谱。翡翠一般具有437特征吸收线，而绿色翡翠对波长489nm～503nm、680nm～710nm的光可吸收。染色的翡翠，其吸收线会成为宽的吸收带（现在有许多染色翡翠滤色镜下不变色）

用荧光灯观察翡翠是否有荧光。天然的翡翠（白地青除外）一般在紫外光照射下不产生荧光，B货翡翠由于后注胶而发出粉蓝色荧光

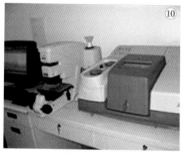

用红外光谱仪测定翡翠的吸收光谱。天然翡翠在（2400～2800）cm^{-1}和（2800～3200）cm^{-1}有强吸收峰，当在吸收光谱中出现明显的树脂的吸收带时，可以肯定为树脂填充的B货翡翠

六、翡翠的鉴定仪器的使用

　　翡翠的鉴定相对于其他宝石是比较简单容易的。这与翡翠的特性有关。一般在对翡翠进行鉴别时，有经验者大多凭眼睛便可知其真伪，没有经验者通过适当的仪器使用便可容易进行鉴别。

翡翠鉴别中常使用的工具有：

1. 放大镜和显微镜

放大镜和显微镜均是通过放大效应对翡翠表面及内部特征进行鉴别的一种途径。这两种工具一般只适用于小件翡翠的观察鉴别。使用放大镜时，一只手握住放大镜，置于并贴近一只眼睛的正面，另一只手用食指和拇指捏住翡翠饰品并靠近放大镜，直到眼睛可以清晰地观察到翡翠观察点为止。宝石显微镜是通过内置光源采用暗域照明法、亮域照明法和垂直照明法工作原理对宝石实施观察。使用显微镜观察时，先把翡翠固定，通过移动镜面与翡翠的距离来调节清晰度。一般观察要点是：一是观察是不是翡翠，主要是通过观察有没有翡翠的特征入手，如翠性、包裹体等。二是表面是否有酸洗证据。三是颜色是否真实，尤其是在显微镜下，若是染色的翡翠，可以很清楚地看到颜色是来自晶体的缝隙中而不是晶体本身的颜色。焗色的翡翠也易看出晶体的排列不同。

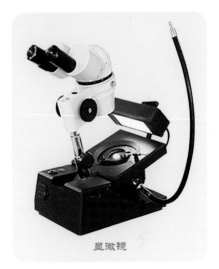

显微镜

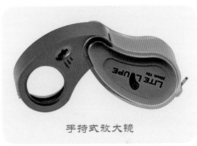

手持式放大镜

2. 折射仪

折射仪是通过测定物件的折射率进而判断是否是翡翠的一种

辅助设备。好处是可以无损、快速、准确地读出待测宝石的折射率。不足是只能测很小颗粒的宝石。翡翠的折射率为1.66，使用时将宝石放在滴有折射液的观察玻璃上面，通过观察刻度表中的黑线位置来判断折射率大小。

3. 偏光镜

偏光镜对鉴别均质体、非均质体和多晶体具有重要的作用。比如翡翠是非均质体，在偏光镜下转动应该是四明四暗现象。这种仪器只能起到辅助鉴定作用，不是鉴定性特征。偏光镜的使用是通过观察宝石在偏光情况下的明暗进行晶体类型鉴别，也只适用于小件宝石。

4. 比重计

比重计可以测出翡翠的比重和密度，是翡翠鉴定的辅助仪器，使用比较简单。翡翠的密度为3.33~3.36。

折射仪

偏光镜

电子直读式比重计

5. 分光镜

借助分光镜观察翡翠的特征光谱，可根据天然翡翠特有的 437nm 一条诊断性吸收带进行真假鉴定。染色和处理过的翡翠则没有这条吸收带特征。

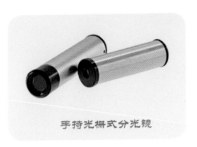

手持光栅式分光镜

紫外荧光灯

6. 紫外荧光灯

紫外荧光较易鉴别翡翠是否经过染色处理。在冷光照射下，通过观察分析翡翠产生的"荧光"鉴别翡翠真伪。若注胶，则在紫外线荧光灯下呈粉蓝色或黄绿色荧光；天然翡翠不会有变化。

7. 查尔斯滤色镜

查尔斯滤色镜采用强光源照射固定好的翡翠，滤色镜紧贴眼睛来观察。染色翡翠几乎都因含绿色有机染料而在滤色镜下呈红色，只有在使用特殊染料的情况下不显红色。天然绿色的真翡翠在滤色镜下无变化，染色翡翠几乎都呈红色，因此使用滤色镜鉴别它们非常有效。

查尔斯滤色镜

8. 红外光谱仪

红外光谱仪可以很好地鉴别翡翠，天然翡翠和人工优化处理翡翠，其红外光谱吸收谱带有所区别。酸洗充胶处理翡翠就有 $2850cm^{-1}$、$2922cm^{-1}$、$2965cm^{-1}$ 和 $3028cm^{-1}$ 的吸收峰，天然翡翠没有，或者只有不太强烈的 $2850cm^{-1}$、$2922cm^{-1}$ 和 $2965cm^{-1}$ 的因少量蜡造成的吸收峰。

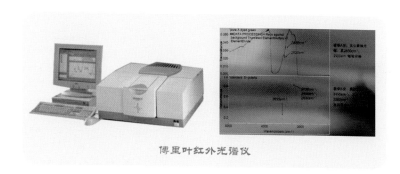

傅里叶红外光谱仪

七、翡翠的主要鉴定特征

翡翠玉石有如下 7 种主要鉴定特征：

1. 翠性

只要在抛光面上仔细观察，通常可见到花斑一样的变斑晶交织结构。在一块翡翠上可以见到两种形态的硬玉晶体，一种是颗粒稍大的粒状斑晶，

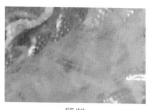

翠性

另一种是斑晶周围交织在一起的纤维状小晶体。一般情况下，同一块翡翠的斑晶颗粒大小均匀。

2. 石花

翡翠中均有细小团块状、透明

石花

度微差的白色纤维状晶体交织在一起的石花，这种石花和斑晶的区别是斑晶透明，石花微透明至不透明。

3. 颜色

翡翠的颜色不均，在白色、藕粉色、油青色、豆绿色的底子上伴有浓淡不同的绿色或黑色。就是在绿色的底子上也有浓淡之分。

颜色不均匀，光泽好

4. 光泽

翡翠光泽明亮，抛光度好，呈明亮、柔和的强玻璃光泽。

5. 密度和折射率

翡翠的密度大，在三溴甲烷中迅速下沉，而与其相似的软玉、蛇纹石玉、葡萄石、石英岩玉等，均在三溴甲烷中悬浮或漂浮。翡翠的折射率为 1.66 左右（点测法），而其他相似的玉石均低于 1.63。

包裹体

6. 包裹体

翡翠中的黑色矿物包裹体多受熔融，颗粒边缘呈松散的云雾状，绿色在黑色包裹体周围变深，有"绿随黑走"之说。

7. 托水性强

即在翡翠成品上滴上一滴水，水珠凸起较高。

总之，翡翠主要的识别特征是：颜色不均，绿色走向延长；带油脂的强玻璃光泽；变斑晶

托水性

交织结构；有凉感，在查尔斯镜下颜色不变。

八、翡翠肉眼真假鉴别要点

翡翠A、B、C、D货肉眼鉴定特征对比表

鉴定项目＼翡翠类别	A货翡翠	B货翡翠	C货翡翠	D货翡翠
颜色	颜色真实自然，有色根	颜色呆板、沉闷	颜色不自然，鲜艳中带邪色，有带黄的感觉。颜色是充填在矿物的裂隙中，呈现网状分布，无色根	无丰富多彩的颜色，无特别鲜艳的颜色
光泽	油脂——玻璃光泽	光泽弱，呈蜡状、树脂光泽	光泽弱，呈蜡状、树脂光泽	多为树脂光泽
放大观察表面特征	表面细腻致密，光洁度高，可见翠性	表面不够光洁，可见砂眼、腐蚀凹坑（腐蚀网纹），结构松散	表面不够光洁，可见颜色沿颗粒空隙及裂隙分布并浓集	表面细腻致密，光洁度高，少或几乎不见翠性
底与色	底与色协调自然	底与色不协调，无自然过渡	底与色不协调，颜色艳丽	底与色协调自然
铁迹	可见铁迹	底很干净很白，不见杂质和铁迹	底很干净很白，不见杂质和铁迹	可见铁迹
声音（手镯）	声音清脆，清波短促	声音有中断感，沙哑	声音有中断感，沙哑，没有内容	声音可以很响，大多声波长
重量	较重，手感沉	较轻，手感浮	较轻，手感浮	轻许多，手感浮

B+C翡翠，颜色呆板、沉闷

C货翡翠，颜色不自然，鲜艳中带邪色，无色根

B货翡翠，光泽弱并呈蜡状，树脂光泽

B货翡翠，色阳，色与底对比不自然，颜色呆板，光泽弱并呈蜡状，表面不够光洁

马来玉（染色石英岩），D货翡翠，表面细腻致密，结构松散，不见翠性

九、翡翠的作假

1. 常见的翡翠作假

（1）颜色作假

①染色及炝色：通过加温把有机染料加进翡翠内部称染色。炝色是将水好的翡翠加热到212℃，随即放入铬盐液中浸泡两个小时，铬盐

颜色作假

会渗透到翡翠晶格内，使其显美丽绿色。

②镀膜翡翠：用有机绿色染料涂于翡翠饰品表面。

③增亮不增光：翡翠饰品不去抛光，而喷上一层绿色的或无色的增亮漆。

（2）原料作假

①二层石：主石为下等翡翠原料，在切口处粘上一层水好色好的翡翠薄片。

②三层石：主石为下等砖头料，中间粘上一薄片绿玻璃，其上再粘上水好无色翡翠薄片。

③人工做皮：找绿而未找到或底差，或赌石赌输了而再粘上，用同皮一样的泥砂胶混合在翡翠原料表面上。

④翡翠人工打眼：在翡翠近表层处打孔，孔内放入绿色物质，再把孔封上，使人们能从表皮看得见其内有绿。

⑤火烧翡翠：新种玉用火烧后使人看不清而充当老种玉。

⑥人做切割痕：做成像洗衣搓板一样，光线进不去，难于观察。主要是因底脏、水差、裂多而为之。

（3）用其他绿色玉石及人造绿色饰品来冒充翡翠

2. 翡翠作假的鉴别

首先，对于任何有皮的原料，需要仔细察看整块玉石的皮，如是天然石皮，各处的色泽、结晶、结构就会有差别，哪怕是微小的差别，如裂纹、瑕疵等一定不同，如果皮极为均匀一致，则需小心。

不妨轻轻敲打一下玉石的皮（需经卖方允许），若是真皮，一般会呈粉末状脱落；若是假皮，则有可能呈片状脱落。

买玉料时，不能只看窗口，窗口一般是玉石中最好的部分。

除窗口部分外，还必须看看附近的表皮状态如何，是否有粘接现象。

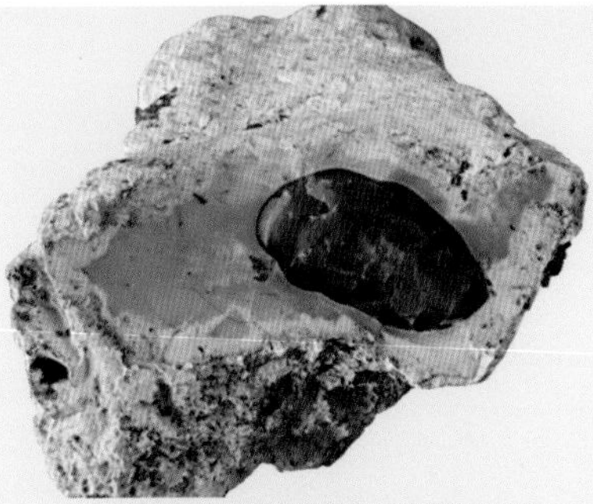

经过淘空处理的翡翠原石

其次，仔细观察整块玉的色。天然宝石，整块绿色一致的极少，对于窗口的绿可仔细用光照、查尔斯滤色镜观察。如绿色在查尔斯滤色镜下变红，则为入色、炝色料，如能同时要求卖主出示被切去的窗盖进行对照最好。但应注意，由于染色方法越来越高明，滤色镜下不变红色的料，并不一定能说明是天然的。

如果玉石表面的绿色成丝或蠄蟟爪状分布，则多为入色石。

最后，仔细观察玉的质地。如果玉质极细腻，一点石花或晶质闪光（蝇翅状）都没有，则应小心是否为马来玉等赝品。

十、酸洗翡翠处理鉴识

这里要特别强调翡翠酸洗充胶处理技术，技术高超的酸洗翡翠是难以用肉眼鉴别的。这种酸洗的方法是在 20 世纪 70 年代末开始在港台市场上出现的，利用这种方法处理的、一种新型的处理翡翠出现在香港的市场上，行家称之为“冲凉货”（即洗过澡的意思），后来欧阳秋眉老师按漂白的英文 bleach 的第一个字母将这类翡翠称为“B 货”。这种处理与早期传统使用“杨梅汤”和川蜡的方式有相似之处。只是用速度更快的强酸代替杨梅汤，用树脂胶代替川蜡。时至今日，理论上 B 货处理的鉴定已不成问题，但由于优化处理的工艺技术也在改进和变化，新工艺很容易骗过现有经验，我们需警惕技术变化带来的影响。

1. 酸洗充胶的工艺方法

翡翠酸洗的一般流程是选料、切割、酸洗漂白、碱洗增隙、清洗烘干、真空注胶和固结。

（1）选料

选择做 B 货材料的原则：一是易被强酸或强碱漂白溶蚀的材料；二是质地不能太好，成本不能太高。所以一般选择合适于 B 货处理的翡翠原料是含有次生色、结构较为松散、晶粒较为粗大、质地较为低劣的翡翠品种。

（2）切割

为了使酸洗和充胶更为快速，把玉料切割成一定厚度的玉片或玉环。

（3）酸洗漂白。用各种酸（如盐酸、硝酸、硫酸、磷酸等）浸泡选好的原料，一般要泡 2~3 周，也可以略微加热以加快漂白的过程。酸洗的目的是除去黄褐色和灰黑色。

（4）碱洗增隙。把酸洗漂白过的原料清洗干燥后再用碱水溶液加温浸泡，碱水对硅酸盐的腐蚀作用，可起到增大孔隙的效果。

（5）充胶。把酸洗碱洗后的原料烘干，放在密封的容器中抽真空，达到一定的真空度后，在容器中灌入足够的胶使翡翠原料完全浸入胶中，然后还可以增加压力，使胶能够把翡翠原料中的所有空隙都充填到。用树脂胶进行固结，以增加强度和透明度。

（6）固结。在胶还未完全固结之前，把翡翠原料从半固结状态呈黏稠状的胶中取出，放在锡纸上放入烤箱烘烤，强化固结。

酸洗翡翠一般采用晶粒较为粗大、质地
较为低劣的翡翠品种

使用各种酸浸泡

酸洗前用铁线加固，防止裂开

酸洗加色后的成品

经酸洗翡翠从原料到酸洗后到充胶后的
原料对比

酸洗加固

放在桶中浸泡酸性物质 2~3 周

原料酸洗加色处理后，尚未加工成形的
手镯

2. 酸洗翡翠的鉴识

经过漂白注胶处理的 B 货翡翠，具有许多鉴定性的特征，常规的做法有肉眼和仪器两种鉴识思路。

（1）肉眼鉴别方法

①酸蚀网纹。由于翡翠 B 货的矿物颗粒间隙内的树脂胶的硬度较低，在切磨抛光时，低硬度的胶容易被抛磨，形成下凹的沟槽，形态像干裂土壤的网状裂纹，故又称为龟裂纹。在放大镜或显微镜下观察时，翡翠 B 货可见

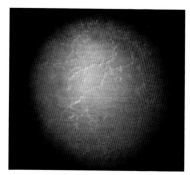

B 货翡翠的局部放大图

细线状围绕着每一个晶体颗粒连通状的网纹。天然翡翠的橘皮效应是因为不同颗粒晶体的硬度不同而在抛光时产生的凹坑，坑的周边会有圆滑的过渡斜坡。

②酸蚀充胶裂隙特征。若翡翠有裂隙存在，可通过裂隙特征进行鉴别。翡翠 B 货中较大的裂隙内会充填有较多胶，在反射光下通过显微镜可见到呈油脂状（反光较弱）的平面。裂隙的边界常常呈裂碎状，甚至有从裂隙壁上散落下来被胶包裹住的小角砾，裂隙常常还发育有毛发状的分支裂隙。

③充胶的溶蚀坑。由于翡翠中含有某些局部富集的易受酸碱溶蚀的矿物，如铬铁矿、云母、钠长石等，在处理过程中被溶蚀形成较大的空洞，空洞中可填充大量的树脂胶。胶一旦脱落就会出现一个个的蚀坑。

④底净，杂质少。由于经过了酸洗漂白，翡翠中所含的氧化

物和其他易溶的杂质被溶解，黄底和脏底被清除，所以酸洗翡翠太过于干净，杂质极少。天然翡翠在放大观察时常可见到小锈斑、小黑点杂质，特别是在微裂隙中总可以见到各种杂质充填其间。

⑤晶粒界线不清和色根不明显。酸洗翡翠由于晶粒之间充填了透明度高的树脂胶，使得晶粒边界不够清晰，颜色变得不自然，色根不明显。

⑥敲击声沉闷。测试翡翠手镯和挂件的敲击声是非常简单的一种方法，酸洗翡翠的敲击声音沉闷嘶哑，不够清脆，与天然清脆悠扬的声音不同。

⑦充胶过多会泛蓝光。充胶过多的酸洗翡翠，在侧光情况下会泛蓝光，这种光是胶的反光，比较柔和。天然翡翠玻璃光泽，反光直接。有经验者可根据种水与翡翠晶体颗粒间的间隙是否一致来判断是否有经过酸洗。

（2）仪器鉴别方法

①紫外荧光。在紫外荧光下经过酸洗充胶的翡翠有弱到强的蓝白色荧光。天然翡翠则没有。经过上蜡的尤其是浸蜡的翡翠也具有弱到中等的蓝白色荧光，目前无法区分出树脂与蜡的荧光。所以紫外荧光只能作为辅助性的鉴定方法。

②相对密度。经过酸洗充胶的翡翠，相对密度会明显地降低，一般相对密度小于3.30，在纯二碘甲烷的重液（相对密度值约3.30）中上浮。但是，有少部分的料子较新的天然翡翠，由于含有相对密度小的矿物，如绿辉石、钠长石等，也会在3.30的重液中上浮。同时，还有少量部分酸洗轻处理的翡翠，充填树脂不多，在二碘甲烷重液中会下沉或悬浮。

③酸滴试验。酸滴试验是用来鉴别酸洗翡翠的一种特殊的方

法。在翡翠的表面滴上一小点盐酸置于显微镜（约放大40倍）下观察，天然翡翠可在酸滴外缘出现汗珠，特别是汗珠会沿纹理成串出现，形成蛛网状，酸滴在天然翡翠表面上干涸较快，并会留下汗渍。酸洗翡翠则无汗珠反应，酸滴干涸的速度也慢，无明显的污渍。

④酸洗翡翠的红外光谱特征。酸洗翡翠具有天然翡翠所没有的光谱特征，酸洗翡翠的红外光谱呈现出 $2870cm^{-1}$、$2928cm^{-1}$ 和 $2964cm^{-1}$ 波数的吸收峰，$3035cm^{-1}$ 和 $3058cm^{-1}$ 的吸收峰分别构成两个较大的吸收谷，并且，$2870cm^{-1}$、$2928cm^{-1}$ 和 $2964cm^{-1}$ 三个吸收峰中，$2964cm^{-1}$ 波数的吸收往往比 $2928cm^{-1}$ 波数的吸收更为强烈。此外，在 $2200~2600cm^{-1}$ 波数范围，还可见到不太明显的多个吸收峰。这些吸收峰都具有诊断性的意义。

十一、翡翠机器工艺与人工雕刻的鉴别

"玉不琢不成器"，翡翠成品的最终价值和雕刻工艺相关度很大。如果说，玉质本身好坏决定了翡翠价格的六成，那么另外的因素中，设计和雕刻最少要占三成，甚至更多。翡翠制品追究其本质，还是件艺术品，然而雕工粗劣的话，可能连玉料的价格也收不回了。很多时候，雕工和设计的价格会超过玉料本身。

现代的手工雕刻，是把传统的碾玉砣变成了今天的金刚钻磨头，河边的细沙换成了硬度更高的碳化硅磨料，从而让切削雕刻变得更加快速和高效。但是要如何雕刻，雕刻成什么样子，这还要靠雕刻者手上的功夫。就像不管你用什么画笔，最终的图画得传神与否、好看与否，还是决定于画家自身的修养和功底。因此

我们还是把靠人工来造型的工艺称做手工雕刻。

近年来随着技术的进步，使用机器雕刻翡翠玉石得以实现，但主要使用在低档的材料上。机器雕刻使用最多的是雕刻书法文字和标准化的产品。机器工艺是通过电脑软件设置好三维立体图像，类似于3D立体打印机器，把铊机更换成金刚钻磨头，进行雕琢。

但是藏家们需要知道，手工雕刻和机器雕刻的时间差别大，当然成本也是天差地别的。一件机器工的工本可以是几十块钱，手工件的成本则是几千甚至几万也是稀疏平常的。所以学会鉴别机器工和手工雕刻的意义非常重要。买翡翠就是买独一无二，买一件艺术品，它的工艺应该是占很重要的地位的。所以在这里介绍几种机器雕刻工艺以及它们的特征。

1. 采用超声波机器靠模雕刻工艺

这样可以在保证图案效果的前提下，极大地提高雕刻效率。这种工艺的做工过程，是采用一个高碳钢制作的精美模具，利用高硬度的碳化硅做解玉砂，通过机器带动模具在玉料表面以超声波的频率来回振动摩擦，达到快速解玉和雕刻的目的，从而极大降低了玉雕的成本，也可以说，这类机器雕刻工艺实际上就是模造。

那么我们怎么来鉴别机器工呢？

机器工有以下特征：

（1）机器雕工的雕件使用的都是电脑雕刻，电脑雕刻的玉石原料一般都采用大料切割成的片料进行雕刻，雕的成品一般为薄的玉石牌子、观音、佛等，而很少有形状饱满的圆形挂件，所以如果见到这些题材，大家要注意再用以下几个方面进行区分。这是机工与手工雕件的一种最简单的区分方式，但是并不是通用的办法。

（2）机工雕刻的牌子、佛、观音等题材比较多，款式大众化，

机器工所制作的翡翠佛公

雕刻的纹路花式均一致。比如，佛就是标准的圆形薄板状大肚子佛，观音就是盘腿坐在莲花座子上面的形态，所雕刻的面部表情都十分标准，雕刻线条多数深浅一致，浅浅的勾勒。经常会看到好几件款式及雕法一模一样的产品。

机器工艺的东西所雕刻的线条都比较浅，工艺压线浮于表面，从整体观察，工艺的压线深度都完全一致。

（3）所有模造的玉件上，掏的洞都是有坡度的，以便模具进出，雕件看起来很复杂，但是往往会有一个共同的平面，基本上不会出现牛毛般纤细的刀工。手工雕刻用放大镜来看，有坑坑洼洼的痕迹，而机器工没有。

（4）机器磨具雕刻物体所有的线与面都非常的圆润，线条无力。不像手工雕刻，线条流畅有力。

（5）机器雕刻的阴线一般都是模子铸造出来的。而手工的线条即使再精到，也或多或少地留下陀痕。

（6）磨具出来的东西过于规整，直线太直，平面绝对平，误差小，显得死板。而手工的东西则显得线条流畅，传神。

2.电脑机械手雕刻工艺

这种工艺比我们刚才提到的工艺先进，就是用电脑程序控制机械手，雕刻玉牌。这种技术就是预先设定好图案的程序，将其导入电脑中，由电脑操纵机械手，机械手上安有金刚砂轮，在玉器表面磨出图案。

这种做工辨别的特征是：

（1）一般是运用在玉牌的雕刻中，圆雕、立体雕刻件以及器物的掏膛无法实现。

（2）一般运用在玉色比较均匀的料子中，有巧色的料子无法准确设定。

（3）一般都是浅浅的浮雕，

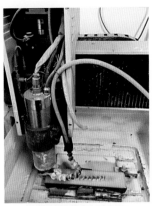

超声波机器进行雕刻中

由电脑控制所需制作的图形

电脑控制的超声波玉雕机器可大大提高工作效率，降低制作成本

或者是阴雕的工艺才能实现，高浮雕无法实现。

（4）做工相对超声波机器模具雕刻比较细腻，但仍旧无法传神。如果在批发市场，能见到许多大小类似、做工一样的作品。

3.激光雕刻

激光雕刻和电脑机械手雕刻相类似，只是不用金刚砂轮，而是用激光实现。

随着科技的发达，机雕工艺一定会越发展越先进，然而，在玉雕行业中，特别是翡翠行业中，由于翡翠多变，电脑不能代替人脑，机械不能代替人手，人类的智慧以及手工精巧的雕刻将会有更高的价值。

十二、压模翡翠的作假鉴别

翡翠压模的做法主要集中在低端产品，为了降低成本，提高工作效率而通过将天然翡翠边角料细化、筛选、压制、烧结等工艺最终制得与天然翡翠相近的翡翠制品。但毕竟是压制而成，其美感和价值与天然翡翠有较大差别。

粉体法再造翡翠工艺如下：①将翡翠边角料为原料，进行初

压模所使用的模具

步碎化，用电磁分选仪进行分离，将磁选出的近无色翡翠粉体添加5wt%黏结剂（无铅硼酸盐玻璃）和1wt%致色剂（天然富Cr硬玉）。②采用高能球磨机进行粉末细化处理。③将翡翠粉末用静压设备压制样品。

用压模压出的佛公

④通过放电等离子体烧结设备和法兰式高压反应釜进行烧结。

　　压制翡翠是由翡翠粉末压制而成，其材料也是翡翠，所以有许多特征与天然翡翠是相近的，比如硬度、折射率、光谱吸收线等特征。但对于见过很多翡翠样品的行内人而言，压制翡翠的鉴别还是有其特有的破绽的。

　　（1）压制翡翠的种水相对较差，翡翠整体均匀，无裂隙，表面纯洁，晶体较细腻，颗粒感强，没有天然翡翠的翠性、色根、水筋、棉絮等特性。

　　（2）天然翡翠的一些物性，压制翡翠也是难以呈现的，比如出荧光的翡翠，种好色好的翡翠，三彩翡翠，飘色或有点状色根的翡翠等。

　　（3）压模翡翠的工艺统一，没有变化，颜色一致，有呆滞感，模具粘合处若后期没处理好，甚至能清楚看到拆模处的线条。

　　（4）天然翡翠的手感较顺滑、自然，压制的翡翠不光滑，有涩感。

　　（5）压模翡翠因使用胶进行粘合，紫外线荧光下呈粉蓝色或黄绿色荧光；天然翡翠不会有变化。

十三、镀膜翡翠的作假鉴别

镀膜翡翠又称涂膜或喷漆。方法是采用各种颜色胶状高挥发性的高分子材料，类似指甲油状的物质，一般是选择种好无色的翡翠，在其表面把这种黏稠的胶状物均匀地涂抹上去，大多为有绿色的膜，使得翡翠看上去像是高档翡翠饰品，对于外行人很具伪装性和欺骗性，消费者在购买有颜色的翡翠时，一定要多问一句是否为天然 A 货，是否能够出具证书，以免受骗。

识别镀膜翡翠相对简单，对行内人士，通过肉眼便可辨真伪，外行人也可通过以下方法鉴别：

1. 表面观察

（1）用肉眼或放大镜观察，可见颜色仅附于翡翠表皮，没有色根，膜上常见很细的摩擦伤痕。

（2）镀膜的绿色分布均匀，翡翠的正反面颜色都一样，没有天然翡翠呈斑状、条带状、细脉状、丝片状的颜色分布特点。

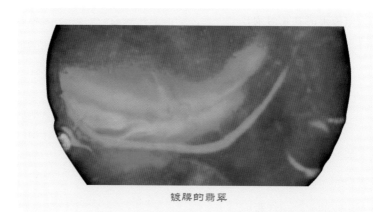

镀膜的翡翠

（3）镀膜翡翠的表面特征橘皮效应变得不明显，看不见粒间界线。表面有毛丝状的小划痕。

（4）因其表层的薄膜是用一种清水漆喷涂而成的，折射率仅 1.55 左右，肉眼看也有差别。

2. 手摸

有的镀膜翡翠用手指细摸有涩感，不光滑，天然品滑润，镀膜品可能会拖手，甚至手湿时会有黏感。

3. 刮划

使用硬度较高的硬物，如硬币刮划翡翠表面，天然翡翠的硬度高于刀片，刮划无妨，而镀膜翡翠的色膜用硬币刮动时，会成片脱落。

4. 擦拭

用含酒精或二甲苯的棉球擦拭，镀膜层会使棉花球染绿。

5. 火烧

用火柴或烟头灼烤，薄膜会变色变形而毁坏，天然品则没有什么反应和变化。这属于破坏性实验，一般不使用。

6. 水烫

用烫水或开水浸泡片刻，镀膜会因受热膨胀而出现裂纹和皱裂。这属于破坏性实验，一般不使用。

十四、焗色翡翠的鉴别

翡翠先翡后翠，在历史上，人们曾经很喜欢红色和黄色的翡翠甚至超过绿色。红翡颜色是次生形成的一种颜色，为铁矿物浸染而形成的颜色，红翡可分为三种：一是亮红，也称为"鸡冠红"

为红翡中的上品，极为珍贵。二是暗红，多接近于原石的边缘分布。三是褐红，产于原石边缘，因风化淋滤作用而造成。翡翠的焗色主要就是指对翡翠样品进行加热，使灰黄、褐黄等颜色的翡翠改变成红色的工艺，是一种加热处理的工艺。

1. 焗色的原理

黄色、褐色的翡翠颜色是由于充填在间隙中的次生的含水氧化物褐铁矿〔$nFe_2O_3 \cdot mH_2O$（n=1~3、m=1~4）〕造成的，通过加热可使含水的褐铁矿脱水，形成红色的赤铁矿（Fe_2O_3）。天然的红色翡翠也是由赤铁矿造成的，与焗色的过程一样。只不过在

天然的红翡

天然的黄翡   经焗色处理的翡翠

75

自然的条件下，褐铁矿的脱水过程非常缓慢。由于焗色过程中没有人为地添加染色剂，焗色的红色翡翠和天然翡翠的呈色机制一样，所以焗色被看做是一种可以接受的加工过程，属于优化方法。按照我国颁布的《珠宝玉石国家标准》，热处理宝石（包括翡翠）被视做简单"优化"，列入天然宝石之类，在专业检验机构出具的证书上也不会特别注明，直接视作天然A货。但对于翡翠老行家而言，天然形成的难度和美感要比焗色好很多，价格也相差很远。对于以焗色方式充当天然翡翠进行销售以获取更高利润的方法是不可取的。

2. 焗色的步骤

先把要焗色的翡翠原料用稀酸清洗，彻底清除表面的污物和油迹。然后把翡翠样品放在预先准备好并铺有干净细沙的铁板上，再将铁板置于火炉上，也可以用高温的烤箱，缓慢加热，以保证

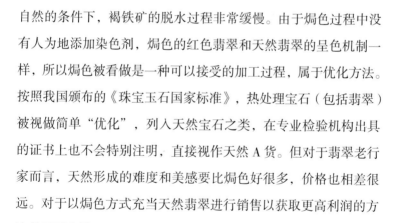

样品均匀加热，加热的温度一般控制在200℃左右，加热过程要观察颜色变化，当颜色变成猪肝色时，就停止加热，并缓缓冷却，冷却后翡翠即会显示出红色。加热的时间根据大小而定，一般是40分钟到一个小时。为了获得鲜艳的红色，在加热时会加醋以达到更好的效果，加热后还可把已加热变红的翡翠浸泡在漂白水中数小时，使之氧化更为充分。

3. 鉴别焗色翡翠的方法

（1）仪器

用红外光谱检查翡翠的细小龟裂处。天然翡翠会在1500~1700cm^{-1}和3500~3700cm^{-1}发现有吸收线存在，而焗色翡翠因为水分在煅烧中被蒸干所以不会发现吸收线的存在。

（2）肉眼和经验

①天然红色翡翠的润泽度、透明度均超过焗色翡翠，焗色翡翠质地较为干燥，显得不自然。

②天然红翡的内部石纹会有规律地向一个方向延伸，因为自然加热演变的过程漫长而又柔缓。而焗色翡翠由于是在短时间内突然受到热刺激，因此石纹会杂乱无章或者呈放射状。

③因为高温处理破坏了翡翠的内部结构，因此焗色翡翠在敲击时发出的声音发闷。

十五、民间常用鉴别手法

以下介绍的是一些简单的民间流传的鉴别方法，这些方法不算准确，但有一定依据，在购买翡翠时可以借鉴使用。中医讲究"望、闻、问、切"，这些简单的方法，类似翡翠诊断中的"望、闻、问、切"。

1. 掂重法

虽然比较原始，但对于稍有经验的人十分有效。翡翠有它的特殊密度 3.33。和它类似的宝玉石密度大多比它小，比如碧玉、大理石、水沫子（钠长石玉）、玛瑙等的密度都低于翡翠。钙铝榴石的密度却高于翡翠。

2. 手镯声音鉴别法

古人云"环佩叮当"，指的是玉石本身敲击时，有美妙的声音。我们今天可以利用这个原理，将翡翠用细绳吊起，用玛瑙棒轻轻敲击翡翠手镯，根据敲击产生的声音来判断翡翠手镯是否有断裂，是不是有酸洗（B 或者 B+C）处理。天然的翡翠手镯，如果没有断裂，一般声音铿锵有力，种水越好、质地越细腻，声音就越好。当然，手镯的大小、条子的粗细以及条子的形状，都会影响手镯的声音。B 或者 B+C 手镯，因为酸洗过程对手镯中的翡翠晶体有破坏，所以声音沉闷。这个方法需要有一定的训练后使用。是传统且非常实用的鉴别方法。

3. 刻画法

在玻璃上刻画，翡翠的硬度高过玻璃，会留下痕迹。但因为这是有一定破坏性的方法，故而不推荐使用。

4. 手触觉法

若是真的翡翠，用手摸有冰凉润滑之感，玻璃则冰凉感不足。（但不是有冰凉感的就是翡翠）B 处理的翡翠因为表面有酸蚀留下的痕迹，轻轻触摸，会有粘手感，而 A 货翡翠则由于抛光顺畅，不会有这样的感觉，会比较平滑舒适。

5. 闻

有些高防假翡翠利用专用玉粉配对专用胶配兑而成，拿两个玉器互相磨后闻气味，真翡翠是无特殊气味的，有糊味的即为假翡翠。

6. 看

结合翡翠的结晶粗细，看它的表面光泽。将翡翠对着光亮处观察，看晶体透明度、内部结构、光泽等。B 货翡翠因为经过酸洗，虽然看上去十分通透，但表面光泽却发雾，行内人称"种水不符"。C 货翡翠因为颜色是入色的，所以颜色和晶体是分开的，觉得没有色根，颜色浮于表面。

7. 10 倍放大镜法

B 货翡翠可以看到有酸洗留下的网纹。

这些方法要结合使用，不可以单一使用。即使在实验室，这些方法也可以为快速鉴定提供一定的依据。

第四章　翡翠的价值评估

一、翡翠的国家标准

GB/T 23885—2009《翡翠分级》国家标准于 2010 年 3 月 1 日起正式实施，它是我国首个玉石分级的国家标准，是对翡翠品质进行分级评价的方法和标准。GB/T 23885—2009《翡翠分级》国家标准只针对磨制抛光的镶嵌及未镶嵌天然翡翠进行分级，不适用于翡翠原石、染色及处理翡翠。

标准以颜色为主线，将翡翠分为翡翠（无色）、翡翠（绿色）以及其他颜色翡翠，并对分级操作分别进行说明。翡翠分级是从

翡翠分级

翡翠（无色）分级	翡翠（绿色、紫色、红-黄色）分级	
	颜色分级	色调
		彩度
		明度
透明度分级	透明度分级	
质地分级	质地分级	
净度分级	净度分级	
工艺评价		
质量		

颜色、透明度、质地、净度四个方面对翡翠进行级别划分，并对其工艺进行评价。

1. 翡翠（无色）分级

翡翠（无色）因不含颜色要素，所以仅从透明度、质地、净度三个方面对翡翠进行级别划分。

（1）透明度分级

透明度是影响翡翠（无色）品质的最主要的因素，根据翡翠透过自然光的能力将翡翠（无色）的透明度分为五个级别（见下表）。

透明度级别		肉眼观察特征	单位透过率 t (%)
透明	T1	反射观察：内部汇聚光强，汇聚光斑明亮 透射观察：绝大多数光线可透过样品，样品内部特征清楚可见	$t \geqslant 85$
亚透明	T2	反射观察：内部汇聚光较强，汇聚光斑较明亮 透射观察：大多数光线可透过样品，样品内部特征可见	$80 \leqslant t < 85$
半透明	T3	反射观察：内部汇聚光弱，汇聚光斑暗淡 透射观察：部分光线可透过样品，样品内部特征尚可见	$75 \leqslant t < 80$
微透明	T4	反射观察：内部无汇聚光，仅可见微量光线透入 透射观察：少量光线可透过样品，样品内部特征模糊不可辨	$65 \leqslant t < 75$
不透明	T5	反射观察：内部无汇聚光，难见光线透入 透射观察：微量或无光线可透过样品，样品内部特征不可见	$t < 65$

注：透过率（T）是透过光强与入射光强的比值。建立了 1mm 厚的物体对光的透过率作为表征物体透明度的基本单位，称为单位透过率，用 t 表示。单位透过率和厚度为 n 的物体的透过率的转换公式为 $t = nT$。

（2）质地分级

质地是评价翡翠品质的另一个重要指标，在翡翠（无色）中通常透明度较高的翡翠质地级别也会相对较高。质地级别根据翡翠组成矿物的颗粒划分为五个级别（见下表）。

质地级别		肉眼观察特征	颗粒 粒径D（mm）
极细	Te1	质地非常细腻致密，十倍放大镜下难见矿物颗粒	$D < 0.1$
细	Te2	质地细腻致密，十倍放大镜下可见但肉眼难见矿物颗粒，粒径大小均匀	$0.1 \leq D < 1$
较细	Te3	质地致密，肉眼可见矿物颗粒，粒径大小较均匀	$1 \leq D < 2$
较粗	Te4	质地较致密，肉眼易见矿物颗粒，粒径大小不均匀	$2 \leq D < 3$
粗	Te5	质地略松散，肉眼明显可见矿物颗粒，粒径大小悬殊	$D > 3$

（3）净度分级

翡翠的内含物和内、外部特征会降低翡翠的净度，透明度较低的翡翠一些内含物因不易观察，所以对净度的影响不明显，但随着透明度提高，翡翠内部的可视程度也随之升高，内外部特征对翡翠整体的美观影响程度也会被放大。根据内含物对翡翠美观和耐久性的影响程度，将净度分为五个级别（见下表）。

净度级别		肉眼观察特征	典型内、外部特征类型
极纯净	C1	肉眼未见翡翠内外部特征，或仅在不明显处有点状物、絮状物，对整体美观几乎无影响	点状物，絮状物
纯净	C2	具细微的内外部特征，肉眼较难见，对整体美观有轻微影响	点状物，絮状物
较纯净	C3	具较明显的内外部特征，肉眼可见，对整体美观有一定影响	点状物，絮状物，块状物
尚纯净	C4	具明显的内外部特征，肉眼易见，对整体美观和（或）耐久性有较明显影响	块状物，解理，纹理，裂纹
不纯净	C5	具极明显的内外部特征，肉眼明显可见，对整体美观和（或）耐久性有明显影响	块状物，解理，纹理，裂纹

2. 翡翠（绿色）分级

翡翠（绿色）分级是从颜色、透明度、质地和净度四个方面对翡翠进行级别划分。判断翡翠（绿色）的标准是翡翠的颜色高于翡翠（绿色）标准样品颜色的最低级别，低于最低级别的翡翠按照翡翠（无色）进行分级。

（1）颜色分级

翡翠当透明度、质地、净度相同时，有颜色的翡翠价值将高于没有颜色的翡翠，因此在评价翡翠的各项要素中颜色所占的权重最大，颜色分级是翡翠分级的重点。颜色分级按颜色的三要素进行，包括色调分类、彩度分级、明度分级三部分。

①色调分类。在可见光的光谱中绿色的左右分别是蓝色和黄色，所以翡翠（绿色）除了正绿色外还经常伴有蓝色调和黄色调，因此翡翠（绿色）色调分为绿、绿（微蓝）、绿（微黄）三个类型。

②彩度分级。彩度即人们通常说的颜色饱和度，按照颜色浓淡的长度将彩度分为五个级别（见下表）。

彩度级别	肉眼观测特征	色纯度参考值P(%)	GemDialogue色卡彩度参考值C(%)
极浓	反射光下呈深绿色—墨绿色，颜色浓郁。透射光下呈浓绿色	$P \geq 65$	$C \geq 85$
浓	反射光下呈浓绿色，颜色浓艳饱满。透射光下呈鲜艳绿色	$45 \leq P < 65$	$65 \leq C < 85$
较浓	反射光下呈中等浓度绿色，颜色浓淡适中。透射光下呈较明快绿色	$30 \leq P < 45$	$45 \leq C < 65$
较淡	反射光及透射光下呈淡绿色，颜色清淡	$20 \leq P < 30$	$25 \leq C < 45$
淡	颜色很清淡，肉眼感觉近无色	$10 \leq P < 20$	$5 \leq C < 25$

③明度分级。明度是指翡翠颜色的明暗程度，即俗称"浓、正、阳、匀"中的阳。按照翡翠的灰度将明度分为四个级别（见下表）。

明度级别	肉眼观测特征	GemDialogue色卡灰度标尺参考值G (%)
明亮	样品颜色鲜艳明亮，基本察觉不到灰度	$G < 10$
较明亮	样品颜色较鲜艳明亮，能察觉到轻微的灰度	$10 \leqslant G < 30$
较暗	样品颜色较暗，能察觉到一定的灰度	$30 \leqslant G < 50$
暗	样品颜色暗淡，能察觉到明显的灰度	$G \geqslant 50$

（2）透明度分级

翡翠（绿色）透明度受颜色影响，彩度升高，明度降低，透明度会随之降低，考虑和排除颜色对透明度的影响，翡翠（绿色）的透明度分为四个级别（见下表）。

透明度级别	肉眼观测特征	单位透过率参考值t (%)
透明	反射观察：内部汇聚光较强	$t \geqslant 75$
	透射观察：大多数光线可透过样品，样品内部特征可见	
亚透明	反射观察：内部汇聚光弱	$65 \leqslant t < 75$
	透射观察：部分光线可透过样品，样品内部特征尚可见	
半透明	反射观察：内部无汇聚光，仅可见少量光线透入	$55 \leqslant t < 65$
	透射观察：少量光线可透过样品，内部特征模糊不可辨	
微透明—不透明	反射观察：内部无汇聚光，难见光线透入	$t < 55$
	透射观察：微量-无光线可透过样品，内部特征不可见	

翡翠（绿色）透明度与彩度同时分级，先确定翡翠色调，然后比较待分级翡翠与翡翠（绿色）标准样品，按照级别划分规则确定待分级翡翠的透明度和彩度级别，最后根据翡翠灰度确定明度级别。

（3）质地分级

翡翠（绿色）质地分级与翡翠（无色）质地分级的内容相同。

（4）净度分级

翡翠（绿色）净度分级与翡翠（无色）净度分级的内容相同，但由于颜色的原因，相同的内含物对翡翠整体美观的影响对翡翠（绿色）而言没有翡翠（无色）明显，但评价原则相同。

3. 其他颜色翡翠分级

除翡翠（无色）外其他颜色翡翠的分级可以参考翡翠（绿色）分级进行。

4. 翡翠工艺评价

从颜色、透明度、质地、净度四个方面对翡翠分级是对翡翠材质的评价，决定翡翠价值的因素除翡翠自身材质之外还存在另一个重要方面，即翡翠的加工工艺。正所谓"玉不琢不成器"，能工巧匠的鬼斧神工更是赋予了翡翠丰富的文化内涵。中国作为玉石文化古国，有着源远流长的玉石文化。翡翠被国人称为"玉石之王"，是中华璀璨玉石文化的代表，有时一件大师的作品其价值会远远超过翡翠自身价值的数倍，所以对翡翠的工艺评价是翡翠分级中另外一个非常重要的部分。

标准中给出了工艺评价的总体原则，工艺评价包括材料应用设计评价和加工工艺评价两个方面。材料应用设计评价包括材料应用评价和设计评价；加工工艺评价包括磨制（雕琢）工艺评价和抛光工艺评价（见下表）。

品质因素	肉眼观测特征	评价结论
材料应用	材质、颜色与题材配合贴切，用料干净正确，内外部特征处理得当	材料取舍得当
	材质、颜色与题材配合基本贴切，用料基本正确，内外部特征处理欠佳，局部有较明显缺陷	材料取舍欠佳
	材质、颜色与题材配合失当，用料有明显偏差，内外部特征处理失当，影响整体美观	用料不当
材料应用设计	造型烘托材料材质颜色美，比例恰当，布局合理，层次清晰，安排得体	造型优美，比例协调
	基本按材料材质颜色特点设计造型，比例基本正确，布局主次不够鲜明，安排欠妥	造型美观，比例基本协调
	未按材料材质颜色特点设计造型	造型呆板
磨制工艺	比例失调，布局紊乱，安排失当	比例失调
	轮廓清晰，层次分明，线条流畅，点线刻画精准，细部处理得当	雕琢精准细腻
	轮廓清楚，线条顺畅，点线面刻画准确，细部处理欠佳	雕琢细致，局部欠佳
	形象失态，线条梗塞，点线面刻画不准确，整体处理欠佳	雕琢较粗糙
抛光工艺	表面平顺光滑，亮度均匀，无抛光纹、折皱及凹凸不平	抛光到位，均匀平衡
	表面较平顺，亮度欠均匀，局部有抛光纹、折皱或凹凸不平	抛光基本到位，较均匀平顺
	表面不平顺，亮度不均匀，有抛光纹、折皱，局部凹凸不平	抛光较粗糙

5.质量评价

质量评价虽然简单，却很重要，对于任意一种珠宝玉石来说，质量都是决定价值至关重要的因素，相同品质的翡翠质量越大价值越高。

二、翡翠的价值评价要点

2T			4C				
种（Transparency）		质（Texture）	色（Color）				
透光性	水头		浓（Intencity）		阳（Saturation）		
极佳	3~2分水	肉眼看不见颗粒	极浓	95~100	肉眼感觉较黑	偏黄	−35%~40%	明显黄色混入
佳	2~1分水	偶尔可见细颗粒	较浓	90~95	色调较深	稍黄	−5%~10%	肉眼感觉一些黄味
较佳	1.5~1分水	淡绿色细粒，颗粒界限不清	适中	70~80	色调恰到好处	正绿	0%	最纯正的绿色
佳	2~1分水	棕色至暗绿色细粒	稍淡	50~60	色调稍淡	稍蓝	−25%~30%	肉眼感觉一些蓝味
欠佳	1.5~1分水	细~中粒，呈斑状	淡	10~40	有色偏淡	偏蓝	60%	明显蓝色混入
差	0.5分水	中~粗粒，呈粒状	极淡	0~5	肉眼感觉无色	偏灰	80%	暗而脏

注：参考欧阳秋眉老师的观点

色甜形美，黄翡中的极品　　几乎6项全美的吊坠　　满绿荧光玻璃种叶坠，唯形稍薄，做叶子正符合形状

4C								1V
色（Color）				工Craftsmanship	瑕疵Clarity	裂纹Crckle		大小 Volume
阳（Saturation）		匀（Evenness）						
极阳	95~100	极鲜艳	极匀 95~100	绿色布满	极好	无瑕疵	无裂纹	翡翠的大小、重量也是影响翡翠价值的一个重要方面
阳	90~95	颜色鲜艳	均匀 80~95	80%~95%是绿色	很好	微瑕疵	微裂纹	
较阳	70~80	色调尚可	较匀 60~70	60%~70%是绿色	好	极少瑕疵	难见纹	
稍暗	50~60	色调带灰	较不匀 40~50	有一半是绿色	一般	可见瑕疵	可见纹	
暗	10~40	有色偏灰	不匀 25~30	25%~30%是绿色	差	易见瑕疵	易见纹	
很暗	0~5	非常灰无色调	极不匀 10~15	大部分不均匀	很差	明显瑕疵	明显裂纹	

手镯心，可加工成7项全美的作品

玻璃种纯白美佛，除了无色，6项全美

高绿翡翠吊坠，种好色美，简洁全美

三、瑕疵及内含物对翡翠价格的影响

瑕疵和裂绺的形态、大小、位置和成因不同程度地影响翡翠的价值或坚固性。

1. 瑕

瑕是指翡翠中各种暗色斑点，俗称"苍蝇屎"。这种暗色斑点有黑、墨绿和褐色等，它们有原生，也有次生的，原生的有钙铁辉石、钠铬辉石、霓石、阳起石和金属矿物颗粒等，次生的主要为沿晶洞和裂隙分布的铁锰质金属矿物。次生的瑕疵不但影响美观，还影响其坚固性，在翡翠评价中起重要的作用。如果瑕斑太暗，位置又影响翡翠饰品的美观，将大大降低其价值。如果瑕斑的形态和位置适宜，颜色和背景又形成呼应，再加上雕刻师巧妙的设计，它能起到画龙点睛的作用。这样的瑕斑就变成了"俏色"或"巧雕"，增加了翡翠的卖相。如果黑色瑕斑的周围形成由墨绿到浅绿的晕彩，黑斑与周围背景是渐变过渡关系，这种黑斑称为"活斑"，实际颜色应为深墨绿色，其矿物多为钠铬辉石。有一种说法是含有活斑的翡翠长期佩戴可使黑色变浅，绿色加重。另一种黑斑与周围背景界限清楚，无渐变过渡关系，这种黑斑称

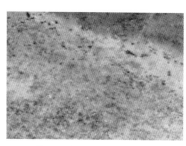

原石中含有各种暗色斑点

原石中含有粗大的硬玉矿

为"死斑"。

2. 疵

疵是指翡翠中天然生长的小晶洞或局部出现白色粗大的硬玉矿物晶体，大者肉眼可见，微者用十倍放大镜可见，晶洞内有时可见小晶簇。

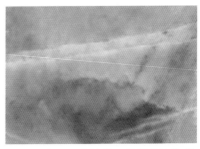

原石中含有粗大的硬玉矿物晶体称疵

3. 裂

裂就是裂隙，是指由于力的作用在翡翠中形成的裂隙状错位。按形成原因可分为原生和次生裂隙两类。原生裂隙是翡翠被开采之前由于地质作用形成的节理和裂隙，可分为裂隙和晶隙两种。

（1）裂隙，是未被胶结的原生裂隙，用手指甲能感觉到裂隙的存在，10倍放大镜下可见空隙，这是传统意义上的"裂"，它严重影响翡翠的坚固性，特别是含有裂的手镯被视为残品。裂隙有时被表生地质作用过程中的铁锰质矿物充填，充填物多为暗色，而形成石纹假象，它对翡翠坚固性的影响等同于裂隙。

（2）晶隙，低档翡翠中矿物结晶颗粒粗大，矿物颗粒之间形成微小的蜘蛛网状间隙，明显者肉眼可见，微细者10倍放大镜下可见。这种翡翠成品经抛光后在其表面形成蜘蛛网状淡绿色抛光粉残留。糙灰地、糙白地和瓷地翡翠由于结构疏松、质干无水，常出现这种网状小裂隙，翡翠韧性大为降低。次生裂隙是翡翠从开采到进入市场这一过程，由于人的因素形成的破损裂隙。含有这种裂隙的翡翠饰品属于残品。

4. 筋

筋又叫石纹，它是在早期地质作用过程中形成的裂隙被后期地质作用过程中的矿物充填胶结，胶结物可以是暗色，也可以是浅色的，这种裂隙俗称

石筋不影响翡翠的坚固性

"石纹"或"石筋"。它不影响翡翠的坚固性，只是造成视觉上的差异，用手指甲感觉不到裂隙的存在，十倍放大镜下不见空隙。

5. 绺

绺是指浅色矿物以棉絮状或纤维状分布在翡翠内部，这些矿物多为白色辉石、沸石和长石，绺成片出现就形成了雾。少量的绺对翡翠的坚固性没有影响，仅造成视觉上的差异。如果绺所处的位置和形态影响饰品美观，将降低其价值。

6. 松花

呈斑点状分布的绺就像剥壳的松花蛋表面的浅色松花状斑点。无色玻璃地翡翠中常见这种像雪花一样的松花斑点，它为玻璃地翡翠增加了些许神韵。

绺成片出现就形成了雾

松花状斑点严重影响价格

四、翡翠的档次分类

级别	透明度	颜色	质地	形状标准	工艺	洁净	完美度
超高档	透光性很好	浓阳正匀的颜色，以绿色、紫色和翡色为主	细腻，放大10倍不见晶体	比例超标准	超好，线条简单，流畅，留白恰当	10倍放大无明显瑕疵	没有裂纹和解理
高档	透光性好	浓阳正匀的颜色，以绿色、紫色和翡色为主	细腻，放大10倍不见晶体	比例标准	好，线条简单	10倍放大无明显瑕疵	几乎没有裂纹和解理
中高档	透光性一般到好	无色或偏色	细腻，放大10倍可见晶体	比例标准	好，主题突出	10倍放大无明显瑕疵	少许裂纹和解理
中档	透光度差到一般	无色或偏色	肉眼可见晶体，不均匀	偏薄	好，无明显主题	10倍放大无明显瑕疵	含避开裂纹和解理
中低档	不透光	无色或偏色	粗晶体，肉眼可见	比例差	差，线条复杂	肉眼可见明显瑕疵	肉眼可见裂纹或解理
低档	不透光	无明显颜色	粗晶体，肉眼可见	比例差	很差，线条繁杂	肉眼可见明显瑕疵	肉眼可见裂纹或解理

沈理达 讲 翡翠

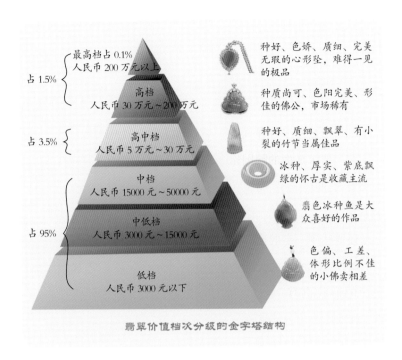

最高档占 0.1%
人民币 200 万元以上

占 1.5%

高档
人民币 30 万元～200 万元

占 3.5%

高中档
人民币 5 万元～30 万元

中档
人民币 15000 元～50000 元

占 95%

中低档
人民币 3000 元～15000 元

低档
人民币 3000 元以下

种好、色娇、质细、完美
无瑕的心形坠，难得一见
的极品

种质尚可、色阳完美、形
佳的佛公，市场稀有

种好、质细、飘翠、有小
裂的竹节当属佳品

冰种、厚实、紫底飘
绿的怀古是收藏主流

翡色冰种鱼是大
众喜好的作品

色偏、工差、
体形比例不佳
的小佛卖相差

翡翠价值档次分级的金字塔结构

五、翡翠的工艺对价值的影响

翡翠的雕刻是翡翠得以重生的重要过程，对翡翠的价值有着
极大的影响。一般情况下是好料配好工。对于翡翠成品的工艺评
价，包括对翡翠成品的比例、美感、雕刻和抛光工艺技术、造型
及艺术性等因素的综合评价。

翡翠成品从用料、工艺性等角度可分为素面制品和雕花制品
两大类型。制作素面制品对材料的要求比较严格，必须是没有明
显瑕疵的材料。但评价的内容相对比较简单，主要看成品的轮廓
形态是否优美，三维尺寸是否合适，加工工艺是否精细等，因而
工艺因素对素面制品的影响比较小。但是对于比较差的原料制作

的翡翠花件、摆件等花雕成品来说则非如此。

1.翡翠素面制品的工艺评价

（1）蛋面

翡翠戒面有蛋面、马眼、马鞍和方形戒等多种样式。在工艺上要求戒面的腰围轮廓不仅要曲线圆滑优美、上下左右对称，而且长度和宽度还要达到一定的比例要求。此外，对戒面的弧面和底面的形状也有一定的要求，弧面的高度要能够满足戒面具有浑圆饱满外观的要求，即戒面的厚度与宽度之间也有一定的比例关系。此外，戒面

比例较好的阳绿蛋面

还可分双凸、平底和挖底3种形式。双凸的戒形最为饱满，平底次之，挖底则用于透明度不好的材料。最后，翡翠戒面还有最佳大小的要求，过大的戒面不适用佩戴，材料不足会造成戒面过小，

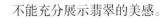

比例均匀的玉璧

不能充分展示翡翠的美感。

（2）玉扣类

玉扣类包括玉扣、玉璧和怀古3种。玉扣类不能太厚，也不可太薄。过薄的原因多因为不妥当的取料，本来只能够切成两片的材料切成三片构成的，而且外观不丰满，过厚则有笨重感，都是不好的切工。

	厚度比（厚度：直径）	大小（直径）(mm)
小玉扣	（0.1~0.2）：1	8~10
怀古	（0.2~0.3）：1	16~25
璧	（0.2~0.4）：1	25~35

（3）手镯

手镯是对原料要求最高的素面材料，一般一块原料首先要考虑是否能做手镯，再来决定其他可能性。手镯根据其匝道的粗细、形状和内孔的大小可以分为玉镯、柔姿镯、扁条镯、鹅蛋镯和童镯等类型。

玉镯是最常见的、最传统的手镯样式，其匝圈横截面为圆形，其直径可分粗细两类，粗的条径为10~14mm，细的条径为6~8mm，细条径的又称为柔姿镯。柔姿镯清透雅气，因此很受欢迎。扁条镯的匝圈断面为半圆形，外侧呈圆弧形面，内侧呈平面弧形，这种手镯戴在手腕上比较轻巧舒服，而且增大了手镯的

标准圈口的圆镯

圈口，节省了用料，还因厚度减薄而提高了透明度。鹅蛋镯是一种圈口为椭圆形的扁条镯，因圈口的形状与鹅蛋相似而得名，这种圈口与人的手腕形状相似，戴上和取下都比圆形手镯容易，便于更换。但这种手镯的加工难度大，要求有质量好的玉材，所以数量较少，不仅可以当首饰佩戴，还可以当做工艺品摆设欣赏。

童镯往往是用取手镯后留下的圆芯片来制作，所以与手镯的大小差别很大，只适合幼儿佩戴。对手镯工艺要求的有关参数见下表。

名称	条径（mm）	圆口直径（mm）
玉镯	9~14	54~56
柔姿镯	6~8	52~54
扁条镯	8~12（宽度）	54~56
鹅蛋镯	8~10	（40~45）/（52~56）
童镯	6~8	35~40

（4）素身翡翠的加工评价

素身翡翠的切工可以从5个方面进行考察，即形态、对称性、比例、大小和抛光。

①轮廓形态：指轮廓曲线和弧面的形状，要求线条连续流畅，弧面圆滑，同种的弧面要连续，不能有多个面组成。

②对称性：素身制品相同部分应该达到相对对称，例如戒面的腰围轮廓线必须左右和上下对称。

③比例：素身翡翠的各个尺寸参数必须达到各自的要求。

④大小：素身翡翠的大小也应该符合相应的要求，过大和过小都会影响翡翠的价值。

⑤抛光：素身翡翠的抛光度要求精细，尽量少橘皮效应，要达到"出水"即玻璃光泽的程度，油脂光泽则次之，蜡状光泽更次之。抛光的好坏除可以根据光泽判断外，还可用10倍放大镜观察表面上的"砂眼"多少判定。抛光很好的，砂眼极少，次为少量砂眼，再次为较多砂眼，更次为明显砂眼。

根据5个指标可以把素身翡翠的切工级别划分为优秀、好、一般和差4个级别，定义如下：

①优等切工：素身翡翠的轮廓优美，对称性好，比例和大小适当，抛光精美，光泽强。

②良好切工：与优秀切工比较，5个指标中有一项略微达不到要求。

③一般切工：与优秀切工比较，在多项指标中略微达不到要求。

④差等切工：5项指标比一般切工更差。

2. 翡翠花件的工艺评价

翡翠花件的工艺评价与素身作品不同，在重视比例的同时，要关注以下几点：

（1）用料干净与否

即制品上有无可见的瑕疵，如杂色、裂纹等，好的"用料"要把玉器上这些缺陷通过挖空、做花加以掩盖，即行内所谓的"随缕做花"。如果玉器上出现这种瑕疵，其造型再好也是有缺陷的，对价值的影响很大。

（2）颜色得到体现

翡翠玉器除了要显示质地美外，还要显示出色彩的美感。"追色"就是要用最能体现颜色的造型，把最好的颜色突出，起到画龙点睛的作用。

（3）俏色的利用是否恰当

对本来与主体颜色不一致的脏色加以巧妙利用，使之成为玉器中不可缺少的组成部分，形态自然又别开生面。但不能牵强附会，与整体造型不融为一体。

工艺细腻的佛公玩件

（4）造型是否完美

要求形象清晰、美丽、逼真、生动，并有情趣，同时还要主题突出和四衬平稳。造型有缺陷、不自然的，往往是材料不够。

（5）做工质量是否精细

玉器的线条、弧面、平面是否流畅，是否呆滞，是否有断线，抛光是否精细到位，光泽是否达到温润出水的地步。

（6）工艺是否能表达主题

工艺是否能表达作品主题，有助于提升翡翠作品的整体美感。

翡翠成品长、宽及厚度比例表

造型	标准	略宽（短）	宽（短）	太宽（短）	略窄（长）	窄（长）	太窄（长）	极窄（长）
椭圆形	1.20~1.40:1	1.19~1.15:1	1.14~1.10:1	1.09:1以下	1.41~1.50:1	1.51~1.70:1	1.71~2.00:1	2.01:1以上
马鞍形	2.20~2.70:1	2.19~2.00:1	1.99~1.80:1	1.81:1以下	2.71~2.90:1	2.91~3.20:1	3.21~3.70:1	3.71:1以上
梨形	1.20~1.40:1	1.19~1.10:1	1.09~1.00:1	0.99:1以下	1.41~1.50:1	1.51~1.65:1	1.66~1.90:1	1.91:1以上
心形	0.90~1.51:1	0.89~0.80:1	0.79~0.70:1	0.69:1以下	1.16~1.25:1	1.26~1.35:1	1.36~1.50:1	1.51:1以上

蛋面翡翠比例表

	弧度	弧度百分比	价值
5	挖底形	15%~20%	20%~30%
4	凹凸形	50%~60%	50%
3	平凸形	100%	80%
2	双凸形	110%（8:2）	90%
1		120%（9:1）	100%

翡翠切工质量分级表

切工分级	非常好	很好	好	不甚好	差
造型（轮廓）	很标准	标准	一般	不正	歪斜
工艺	非常细致	细致	一般	稍钝	粗糙
对称	很好	好	一般	稍差	差
比例	很好	好	一般	稍差	差
厚度	双凸	适中	中等	薄	挖底
修饰	完美	好	无大缺憾	有明显瑕疵	非常差

六、颜色对价值的影响

1.翡翠颜色鉴赏要点

翡翠的绿色鉴赏有四字口诀，"浓、阳、正、匀"四个要点，再加一点：种色照映。（其他颜色可以参照这个标准进行判断）

（1）浓

"浓"指绿色有力度，不弱，让人觉得有一定的浓度；反之是"淡"，指绿色浅，显示无力。当然，绿色也不是越浓越好的，要浓而艳，浓而不偏深，不偏灰，不偏蓝。

（2）阳

指翡翠绿色的明亮程度，可以说，阳是用来平衡"浓"的，好的翡翠绿色，要绿得浓，但不偏暗，不阴，不灰暗。

（3）正

指翡翠颜色的纯正程度。大家小时候玩过调色板都知道，绿色是蓝色和黄色搭配而成的，蓝色和黄色的多少会影响绿色的色调。蓝色多了容易显得比较沉闷，黄色多了容易显得比较爽朗。当然，最怕绿色中带有灰的色调了，颜色一旦灰了，就觉得有脏兮兮的感觉。

（4）匀

指翡翠颜色在作品中分布的均匀程度。翡翠是多晶体的，颜色不均匀是很平常的现象。但颜色越均匀，越难得，价值也越高。

除了以上四个方面，颜色和质地的照应也很重要。翡翠的颜色要和质地有配合，行话叫"照映"，也就是色好，种也好。只有种好，

符合"浓、阳、正、匀"的翡翠坠子

质地细腻，才会有灵动的感觉，种好的翡翠，绿色在细腻种地的映衬下会显得更均匀、更美，而质地粗的翡翠，绿色会显得木讷，不耐看。

在不同的翡翠作品中，对这四个方面的着重点又有所不同，比如，在手镯中，因为作品用料大，对均匀度要求没有那么高，不均匀的感觉，可以形成美丽的配景，是另一种美。而在戒面的评价中，绿色的均匀和饱满，就更为重要，绿色的艳丽程度也很重要。

其他几种颜色也可以参照以上的口诀来进行品评。

2. 翡翠颜色观赏注意事项

在品鉴一件翡翠作品时，需要注意光线、背景、陪衬等条件，对翡翠的真假、种水、颜色、工艺、整体效果和大小进行客观的分析。

（1）光线

俗话说："月下美人，灯下玉。"翡翠在灯下一般会更漂亮，行家把这种现象叫"吃光"（色浓种干的翡翠一般比较吃光），"不吃光"就是在灯下不漂亮的翡翠。颜色是有了光才有的，无光，则没有色的感觉。所以颜色的观察，需要在正确的光线下进行。鉴赏和评估翡翠适宜在自然光（北半球，一般是朝南的窗户，早上10点到下午4点之间的阳光）下，如果晚上可以在100瓦的台灯光线下进行，白炽灯加上日光灯，则可以模仿白天的自然光。

需要注意，用反射光线看色，判断种，用投射光线判断质地和瑕疵的分布。

（2）背景

背景对鉴赏、评估翡翠同样十分重要。不同色调的翡翠用不同的背景衬托效果不同。白色的背景容易掩盖晶体较大的翡翠中的棉絮，在白色背景下，眼睛往往会比较重视绿色，白的结晶颗粒也会显得不明显，翡翠中的绿色也会显得更绿。而在黑色的底上，翡翠中的白棉会比较明显，但种好的翡翠会显得比在白底上透明度更好。如果翡翠色偏，放在黑底上，会显得艳丽些，种也显好。如果选裸石戒面来镶嵌，为了考察出货效果，可以把蛋面放在金箔纸上来观察镶嵌效果。

（3）陪衬

选购翡翠时，周围的翡翠也会影响判断力，不管是颜色还是种质，抑或做工。藏家有这样的收藏经验，买翡翠的时候觉得很好，买回来以后却觉得不理想。很可能是因为买这件翡翠时，其他陪衬的翡翠要比这件东西差很多，要么是种水差，颜色偏，使这件东西"鹤立鸡群"，显得特别突出。但其实只有商家有许多旗鼓相当的作品让你比较时，你才可以作出更好的判断。如果买绿色的作品，不妨戴一件自己喜欢的绿色戒指来比较颜色。

种水、色、质地较好照映的满绿翡翠

第五章　翡翠鉴赏与收藏

一、翡翠鉴赏的要素

1. 种——结晶的大小（越小的结晶越好）

极细粒：在 10 倍放大镜下不可见。

细粒：在 10 倍放大镜下隐约可见。

中粒：在 10 倍放大镜下易见，肉眼隐约可见。

粗粒：肉眼可见。

极粗粒：肉眼极易见。

2. 水——指透明度

翡翠玉质若聚光能透过 3mm 深，称为 1 分水。

若能透过 6mm 深，则为 2 分水。

若能透过 9mm 深，则为 3 分水。

3. 色——指翡翠的颜色

主要有绿色、白色、紫色、红色、黄色。以浓阳正匀为上品。

"浓"是指颜色比较深。

"阳"是指色泽鲜明，给人以开朗、无郁结之感。

"正"是指没有其他杂色混在一起。

"匀"是指均匀。

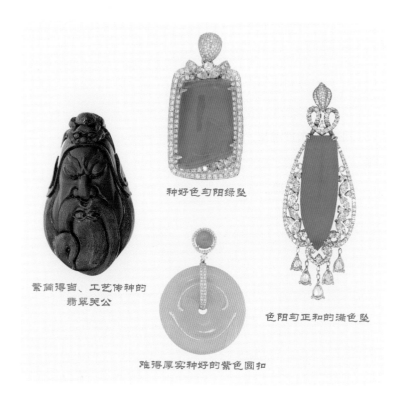

种好色匀阳绿坠

紫得宜、工艺传神的
翡翠关公

难得厚实种好的紫色圆扣

色阳匀正和的满色坠

4. 底——指内含物少，清爽，无杂质等

好底：质地坚实、结构致密、光线柔润、底色好，冰通透艳，瑕疵极少。

一般底：有一定的杂质和瑕疵，内含物不占主流视觉，底有杂色。

差底：比较木讷，有明显的内含物，肉眼可见较多白棉、黑斑、灰丝、冰渣等瑕疵。

5. 裂——翡翠中的裂堑、绺裂

无裂为好。

能巧妙避开的裂则可以接受。

肉眼明显可见裂为次。

6. 工——指翡翠作品的工艺水平高低及文化内涵

好工：对称和比例协调，繁简得当，取巧用色，工艺传神，创新别致，文化丰富。

一般工：主旨清楚，表达得当，工艺娴熟，雕划流畅，寓意明确。

差工：主题不清，技艺欠佳，比例不正，缺乏美感。

二、翡翠鉴赏的光线

类别	自然光线下	白炽灯下	日光灯下
紫罗兰翡翠	紫罗兰翡翠在不同的地域表现不同。同样的紫罗兰翡翠，在云南等地处高原地带的地区，由于紫外线比较强，颜色也会显得格外鲜艳，但是拿到沿海等地以后，紫色就会变淡，这在购买时需要特别注意	在黄色灯光下会使紫色增彩	日光灯下颜色会偏蓝、偏灰，暗淡
晴水绿翡翠	所谓的"晴水绿"是指在整个翡翠制品中出现的清淡而均匀的绿色，但在强光或自然光下就会淡很多或几乎变为无色	绿色在灯光下会比较明显，均匀清淡，十分诱人	在日光灯下颜色会偏蓝
豆种豆色翡翠	豆种翡翠由于结晶颗粒较粗，在自然光下观察，绿色分布往往也会不均匀，呈点状或团块状，白色棉絮也比较突出，颗粒感比较明显	在柔和的灯光下面，绿色会显得比较鲜艳和均匀，棉絮也不突出，颗粒感也不明显	在日光灯下颜色会偏蓝、偏灰
墨翠	自然光线下，墨翠由于含有较多的铁元素而显示黑色	在白炽灯下，灯光从后面照时，显示墨绿色	在日光灯下，灯光从后面照时，显示墨绿色
艳绿色翡翠	在比较强的光源照射下，如对着太阳光颜色会变淡，感觉也就没有灯光下好了	在带黄色调柔和的灯光下，翡翠颜色会显得更鲜艳一些	在带白色的灯光下，翡翠颜色会显得偏蓝，显苍白

晴水绿在自然光下　　　墨翠在自然光下　　　晴水绿在自然光下

红紫色在自然光下

豆种豆色翡翠在自然光下

三、翡翠鉴赏的误区

序号	错误观点	鉴赏误区	正确的观点
1	翡翠均是绿色	认为没绿色的不是翡翠	翡翠除了绿色还有紫、红、黄、白、黑、蓝色等
2	翡翠是易碎品	担心佩戴时碰撞受损	翡翠的硬度达7，韧性也好，甚至高过钢铁，没有较大外力冲击不易破损
3	翡翠戴久会有血丝	带血丝的是老玉，好玉	翡翠是多晶体结构的，但结构致密，在佩戴中不会把血丝"戴"进去。出土的古玉有"沁色"，是因为土地中的水银沁入玉质等原因形成的。但是翡翠在中国使用是在明清以后，即使是出土的翡翠，有沁色的也是极少见的
4	翡翠就是玉	认为玉就是翡翠	中国古代把"石之美者"定义为玉。受传统观念影响，现在的国标把许多似玉矿物都作为玉来称呼。现代的玉概念划定在软玉和硬玉两者之间，他们共同的特点是具有致密的结构和相对高的硬度和韧性。翡翠是玉的一种，颜色丰富，最受市场欢迎
5	翡翠冰的才是真的	以翡翠冰否来选购和鉴定真假	冰是因为传热快。其他的玉石、水晶，还有玛瑙等，摸上去也是冰的，冰的不一定是翡翠
6	灯下观色	在强光下观赏翡翠	"灯下不观玉"，不同光源、不同强度，色的变化是不一样的。准确的光线是在上午10时至下午4时（北半球）朝南的光线
7	十全十美	以单晶体的宝石为参照要求翡翠，容不下翡翠任何不足	翡翠是多晶体纤维交织结构，难以通透。其形成时间达1亿年，生成过程有不同金属元素生成属正常现象
8	工艺越复杂越好	收藏时过分注重工艺，选择做工复杂的作品	最好的材料是先选择做手镯和蛋面，然后才考虑做其他的作品。一般饰品类作品越简单越好（艺术品除外）
9	绿色越均匀越好	片面强调选购绿色均匀的作品	鉴定翡翠的绿色四字要诀为"浓，阳，正，匀"。浓指的是绿色的浓度，太深太浅都不足；阳指的是阳艳程度，亮丽程度；正指的是颜色不偏黄，不偏蓝，不偏灰；匀指的是颜色的均匀程度。"阳"与"正"在一定程度上更重要
10	翡翠越大越好	收藏大件的摆件，只重个头不重质	美丽是收藏的第一要素，翡翠的美在于它的天然、稀有、多种颜色、冰通透艳、硬度高、便于传承。许多小而精的作品，单位重量价格很高，是更浓缩的财富。大小不是关键

沈理达 讲 翡翠

完美的蛋面，高品质的代表

满紫塔珠链，数量多，颜色
均一比较困难

体型饱满品的厚庄坠子

种好满绿的手镯

种好、色艳、设计美的坠子

工艺绝佳的透雕摆件

四、翡翠收藏的误区

序号	错误观点	鉴赏误区	正确的观点
1	量多风险小	以量取胜，先价低后价高，减小风险	数量多不一定风险小，品质和受喜爱程度才是关键，树立精品意识很重要
2	原石机会多	原石利润高，周期短，有机会找漏	原石从矿上运下来，经过买卖，到达收藏者手中往往已有无数人鉴过，其实找漏机会极低。原石存在极大的不确定性，不懂工艺和翡翠矿的成因者往往会有极大的妄想和误判，入门者最好是收藏美丽的具有较高确定性的成品。原石可占收藏的一定比例，建议在对成品了解的基础上，并有较好的渠道
3	绿色翡翠就是好	把绿色作为收藏翡翠的唯一条件	相同条件下，绿色的翡翠比较受欢迎，价格也较贵。但是只以绿色为唯一条件而不重视种质地和工是很不科学的。要综合评价，以卖相好为导向
4	翡翠越老越好	收藏老的翡翠	翡翠进入中国的时间是明朝后期，所以翡翠没有严格意义上的老玉。市场上所说的老坑和新坑之说主要是为了区分老矿口和新矿口。老坑出精品概率高，但并不是老矿（如老帕敢矿）就出绝对的好翡翠
5	找大店收好货	相信大店会有好东西	翡翠的收藏要找信誉过关、有多年传承和底蕴的商家进行收藏。有时候店不在大，却有好东西，最重要的是长期信誉
6	投机，想快进快出	想像股票一样快进快出套利	由于行业特点，翡翠行业至今没有二级市场，也没有严格意义上的价格标准。收藏心态要摆正，量力而行
7	以自己的喜好收藏	收藏没有方向和重点，喜欢就收	收藏需要有一定的知识积累，定位好方向，确认收藏原则，精中选精
8	价高就是好	相信价格高的就是好的	不懂得翡翠就着手收藏者往往以价格为选择标准。但翡翠没有统一价格，不同商家之间，因渠道、成本、设计等不同，定价差别往往较大，应找有诚信、声誉好的商家
9	价高就是好	市场流行什么就收什么	虽然流行都有其道理，但收藏要有自己的想法和审美情趣
10	绿色越均匀越好	片面强调选购绿色均匀的作品	鉴定翡翠的四字要诀为"浓，阳，正，匀"（见前文解释），这四者中"阳"和"正"对价格的影响其实是最大的
11	越稀有越值钱	收藏了特别少有的各种翡翠	除了稀有之外，这类翡翠一定要符合美学原则，同时还要具备质地好的条件，这样才真正"值钱"

沈理达 讲 翡翠

五、翡翠收藏流程图

精确收藏
实施收藏计划

- 按计划实施收藏
- 与市场同步修正收藏计划

策略制定
与市场对接并定下策略

- 制定收藏策略
- 预算制定
- 收藏路线确认
- 收藏时间表

贴近市场检测思路

- 若有机会可参与作品设计
- 财力允许，可触及各门类精品包括原石的收藏
- 与有信用的商家、专家保持关系

深入定位
参与实践

- 对收藏有更深体会，重新理清需求
- 收藏方向缩小
- 确认收藏意向

重新定位
收藏方向确认

知识积累
理论学习

- 学习权威性著作，提高理论知识
- 通过专业培训班学习
- 与行家面对面沟通学习

需求定位
理清需求

- 根据价值观和审美观选择自己的定位
- 根据自身的财力进行初步定位
- 收藏作品的属性和特点描述

- 找有信誉的行家、商家采购
- 从成品入手小量购买

小量试水
寻找路径

- 到市场看大量标本
- 不同产品对比，找出差别，提高眼力，包括价格对比
- 根据收藏要素反复练习

产品对比
锻炼眼力

六、翡翠素石作品鉴赏要点

项目	蛋面	坠子	手镯
拿取要点	①在软的底垫上进行观赏 ②用手指夹住指圈，戒面向上，轻轻转动	①要在软的底垫上进行观赏 ②用左手拇指和食指夹住上下部分，右手拇指和食指夹住左右两边。根据习惯可更换左右手位置，轻轻翻转	①要在软的底垫上进行观赏 ②满手攥紧或满手抓紧一侧，另一手用于转动手镯进行观赏
观察要点	①观察是否有裂有棉 ②比例是否标准，长宽比例是否合适，厚度是否超扁 ③蛋面表面是否有瑕疵或裂等 ④品质鉴赏，包括地、色、水、种、质等 ⑤衬在皮肤上，或者垫在金箔纸上（如果是裸石）看镶嵌或佩戴的效果	①前后左右进行观察 ②长宽高及厚度是否比例协调 ③内部及表面是否有瑕疵或裂等 ④雕刻是否繁简得当，对细节的把握如何，雕刻图按寓意解读 ⑤品质鉴赏，包括地、色、水、种、质等 ⑥佩戴于胸前，搭配项链，看佩戴效果	①从内外圈进行观察 ②宽度及厚度是否比例协调 ③内部及表面是否有瑕疵或裂等 ④品质鉴赏，包括地、色、水、种、质等 ⑤佩戴在手上，看看尺寸是不是合适；捋起袖子，看和手臂粗细及肤色的配合
观察方法	①自然光或白光下（观察颜色），配合透射和反射光线，用笔灯和手电观察。反射光用来看颜色、抛光、做工等，透射光用来看翡翠里的杂质、棉絮等 ②光、戒面、眼成一线观察 ③远观整体，近观细节，上看内部，下看表面 ④有必要时（如对裂隙等的判断）使用放大镜	①在自然光或白光下（观察颜色），配合透射和反射光线，用笔灯和手电观察。反射光用来看抛光、做工等，透射光用来看翡翠里的杂质、棉絮等 ②光、坠子、眼成一线观察。转动坠子，从不同角度观察 ③远观整体，近观细节，上看内部，下看表面 ④有必要时使用放大镜观察	①在自然光或白光下（观察颜色），配合透射和反射光线，用笔灯和手电观察。反射光用来看抛光、做工等，透射光用来看翡翠里的杂质、棉絮等。从内外两侧照手镯，以确认完整度 ②光、手镯、眼成一线观察。转动手镯，从不同角度观察 ③远观整体，色彩的分布、搭配；近观细节，看纹路、棉絮等 ④有必要时使用放大镜观察

项目	蛋　面	坠　子	手　镯
注意事项	①翡翠不过手。不用手递送给对方，以免发生不测 ②平拿平放 ③手需擦拭后取拿，防止滑落	①翡翠不过手 ②平拿平放 ③手需擦拭后取拿，防止滑落	①翡翠不过手 ②平拿平放 ③手需擦拭后取拿，防止滑落

蛋面鉴赏手势

在阳光下看颜色和整体感觉

放大检查，细节鉴赏

边看边擦拭

用笔灯观察棉絮和内部结构

紧握手镯转动，观察手镯内外圈

沈理达讲翡翠

113

整体观察做工和构图等

抓握手镯，以免掉落

玩件鉴赏手势

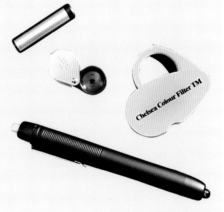

摆件鉴赏　　　常用的便携工具有放大镜、滤色镜、笔灯和分光镜等

项目	摆　件	把玩件
拿取要点	①在软的底垫上进行观赏 ②用双手抱紧重心位置或平放于水平桌面	①要在软的底垫上进行观赏 ②满手包住把玩件，其中一手指抓紧配绳
观察要点	①前后左右进行观察 ②整体长宽高及厚度是否比例协调 ③内部及表面是否有瑕疵或裂等 ④构图是得当完美，是否巧妙利用俏色，雕刻图按寓意解读。 ⑤品质鉴赏，包括地、色、水、种、质等	①前后左右进行观察 ②长宽高及厚度是否比例协调 ③内部及表面是否有瑕疵或裂等 ④构图是否完美，是否巧妙利用俏色，雕刻图是否按寓意解读 ⑤品质鉴赏，包括地、色、水、种、质等 ⑥握握看，感觉一下把持的手感。绳子和小配件的搭配，牢固，色彩和艺术感

项目	摆件	把玩件
观察方法	①在自然光或白光下（观察颜色），配合透射和反射光线，用笔灯和手电观察。反射光用来看抛光、做工等，投射光线来看翡翠里的杂质、棉絮等 ②光、摆件、眼成一线观察。转动摆件从不同角度观察 ③远观整体，色彩分布、构图等；近观细节，细部做工、抛光等 ④有必要时使用放大镜观察	①在自然光或白光下（观察颜色），配合透射和反射光线，用笔灯和手电观察。反射光用来看抛光、做工等，透射光来看翡翠里的杂质、棉絮等 ②光、坠子、眼成一线观察。转动坠子从不同角度观察 ③远观整体，色彩分布、构图等；近观细节 ④有必要时使用放大镜观察
注意事项	①翡翠不过手 ②平拿平放 ③手需擦拭后取拿，防止滑落	①翡翠不过手 ②平拿平放 ③手需擦拭后取拿，防止滑落

七、翡翠素石作品鉴赏之人物

沈理达评翡翠

115

人物题材	含义	常见造型	较创新的造型	石料选择的要求	雕工鉴赏
翡翠观音	观音心性柔和、仪态端庄，永保平安、消灾解难，使人远离祸害，大慈大悲，普渡众生，是救苦救难的化身	观音持净瓶，观音持宝珠，童子拜观音等	千手观音，观音头像	观音的工在翡翠做工中看似传统实则困难。翡翠观音要求取料大气洁净，面部有瑕疵或开相不佳会严重影响其价值	造型比例匀称，面相慈祥而智慧，衣褶飘逸有吴带当风之感，姿态手势柔美，发丝缨络刻画细致，给人以崇高的精神力量
翡翠笑佛	笑佛宽容、大度，可使人平心静气，豁达心胸，静观世事起伏，笑看风起云涌，是解脱烦恼的化身。佛亦保平安，寓意有福（佛）相伴	坐姿笑佛，手持宝珠；站姿笑佛，手持宝珠或者元宝等宝器	只做弥勒佛头像，但很少见	笑佛的脸部一般不能有花花绿绿的颜色，花色一般安排在衣服和肚子上	弥勒菩萨的形象以圆满、喜气为重，慈眉善目，弯眉笑眼，整体造型大气简洁，头部是圆的，肚子是圆的，手是圆的，耳朵和耳垂是圆的。有一些雕刻到位的弥勒佛甚至雕刻了牙齿和链珠

中国财富收藏鉴识讲堂

人物题材	含义	常见造型	较创新的造型	石料选择的要求	雕工鉴赏
翡翠寿星	寿星公即南极仙翁，福、禄、寿三星之一	一般是正面的造型，寿星形象一般为一位白发长须、慈眉善目、额部隆起、一手拄着龙头杖、一手托着个大寿桃的老翁	只做寿星的头像，突出其大大的额头和长长的胡子	相对比较纯净的料子。寿星的胡子雕刻可以安排在料子有一些棉絮和绺的地方	总体形象是长头、大耳、短身躯、长胡须的老翁，持龙头拐杖，额部光滑隆起，雕刻时常衬托以鹿、鹤、仙桃等以象征长寿，神情喜笑颜开
翡翠渔翁	传说一位捕鱼仙翁，每下一网皆大丰收。佩戴翡翠渔翁，生意兴旺，连连得利。渔翁得利：寓意福祥吉利	撒网的渔翁和垂钓的渔翁都可见到	少见	没有特别要求，能有俏色的料子创作则效果会很不错	慈祥可爱的开脸，手部的把握要粗犷，但不失仙翁的感觉
翡翠关公	关羽是最重义气和信用的英雄人物，勇猛和武艺高强称雄于世	关羽手持青龙偃月刀，或坐着或站着	只雕刻神像头部的形象，突出脸部的威严	关公是阳刚之美、讲义气的代表。按照京剧脸谱，他是红脸。因此黄色、翡色、红色料尤其适合创作关公形象。墨翠也适合进行关公形象的创作	面相是祥和和威严的结合，眼眉的把握很重要。胡子部分要显得浓密，有质感

紫色带绿的渔翁，
怡然自得

慈眉善目的玻璃种寿星

红翡关公

龙石种创作的佛，
宽容、大度、欢乐

龙石种创作的观音，
法喜满盈

八、翡翠素石作品鉴赏之花件

花件	含义	常见造型	石料选择的要求	雕工鉴赏
平安扣	平平安安，顺顺利利	圆形的玉，中间有一个孔洞。孔洞的尺寸一般不可以大于总体尺寸的1/5	完美的料子，可以有花色，有时颜色的不均匀更显示作品的动感	传统的平安扣是扣洞和扣边缘比较薄的。上好的料子做成的平安扣，有时是整体厚度相同的，好像古代的玉璧

中国财富收藏鉴识讲堂

花件	含义	常见造型	石料选择的要求	雕工鉴赏
豆子	果实、圆满，双荚豆子寓意好事成双；三荚豆子寓意连中三元，象征进取、成就及收获	荷兰豆的造型，有两荚和三荚的	因为翡翠豆子基本都是素面的，没有任何纹饰，难以修饰，所以对料子要求较高	豆子越圆满、越鼓越好。有两荚和三荚的豆子。要求整体长宽比例合理，豆荚部分圆满，抛光度好
葫芦	葫芦谐音福禄，寓意福禄双全、有福之路。现代人还赋予"护路"的说法。另外葫芦是传说中神仙装酒和丹药的容器，所以是去病消灾的宝物	造型犹如葫芦藤上结出的葫芦，有时在葫芦的头部做出藤蔓，有时修饰以螭龙、灵猴等小动物	因为翡翠葫芦是素面的，没有任何纹饰，除了顶端的藤蔓处可以修饰，其他难以修饰，所以对料子要求较高	葫芦有立体的，就是两个球，但体积大、取料难，比较少见。大多是半圆的，没有掏空的葫芦瓢。半圆的用于镶嵌的较多，如果完美，镶嵌后效果很好，也很值得收藏
如意	如意在饰品中寓意万事如意，平安大吉。它寓意如愿以偿	在翡翠挂件中一般把如意云头灵芝的部分夸张地做出来，长柄做得简练，长柄上有时雕饰蝙蝠、猴子、浣熊、凤凰等吉祥图案	如意云头部分一般不做纹饰，难以修饰，对料子要求较高	比较可爱的雕工是把如意的灵芝云头做成3个鼓出来的圆珠。这样可以充分体现翡翠的透光度，表现晶莹剔透的感觉
叶子	金枝玉叶、事业有成等意思	树叶的造型，雕琢以叶脉	叶子因有叶脉，可有一些纹饰来掩盖棉絮等，但叶脉和叶脉之间的部分需要干净	线条秀美但又不失一定饱满度的叶子最好。叶脉之间的部分鼓出，可以使种好的作品出荧光

花件	含义	常见造型	石料选择的要求	雕工鉴赏
貔貅	貔貅是龙王的九太子，主食是金银财宝，只吃不拉，有镇宅、守财、化煞、镇家威之用	貔貅蹲在一个宝珠上的造型，或者是一件立体雕刻的貔貅	没有很特别的要求	头大、屁股大、肥肥胖胖的造型很可爱。肌肉的感觉要做出来，更能显示其力量；爪子很重要，是气势的体现

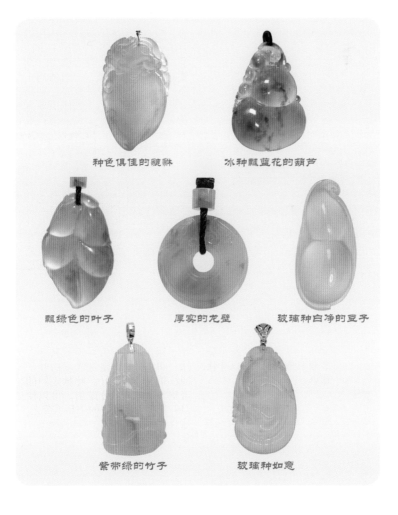

种色俱佳的貔貅　　　　冰种飘蓝花的葫芦

飘绿色的叶子　　　厚实的龙壁　　　玻璃种白净的豆子

紫带绿的竹子　　　　玻璃种如意

九、翡翠素石作品鉴赏之手镯

要素	特征表述
大小	手镯内径尺寸的选择方法，以人的手骨软硬为主，手镯可以通过手掌骨即可。佩戴手镯最美观的是镯与腕之间有1~1.5个手指粗细的游动距离，口径在55mm~58mm之内，圈口越大，价格越高。圈口小于55mm的，因其适用人群少，会影响价格
底子	指的是通透度和质地。通透度越好价格越高，特别出荧光与没有出荧光的手镯价格相差可以达5倍以上。种水相同的两只手镯，由于质地细腻度不一样，也可能相差数倍的价格
颜色	什么颜色、颜色的多少、什么形式的颜色对手镯的价格有着很大的影响。首先，一点颜色的和一大段颜色的，价格要相差很多；其次，我们要看颜色的浓淡，浓淡度不同的手镯，价格会相差很多；最后，我们要看颜色的鲜、暗，鲜阳颜色的价格会很高，颜色相对暗淡的价格也就会低很多
颜色分布	手镯上的颜色是越聚越好的。在同样是1/3颜色的情况下，颜色很聚与颜色散散地、星星点点地存在于手镯中的，其价格会相差很多。此外，我们还要看手镯的颜色是段绿还是满绿。可以制成满绿的手镯是绝不会制成段绿的。通常情况下，满绿手镯要比段绿手镯的价格高出数十倍
绺裂	一是辨别裂和纹是原生的还是次生的；二是裂纹的大小和深度要考虑；三是考虑裂纹的方向，若有环绕条径的裂纹将极大地损害翡翠手镯的价值，如果平行于手镯条径方向的小原生裂纹则对其价值和恒久度影响比较小。表面看起来毫无瑕疵的，很可能是种不好，这时不容易看出翡翠内部的问题。而种越好的翡翠，内部越清楚，绺裂等现象也越明显
瑕疵	观看手镯上有无瑕疵、黑点、黄褐斑点、石花等有损玉质美观的缺点。特别是要看这个瑕疵的明显程度、颜色、大小对手镯美观的影响来评价它对手镯价值的影响
加工精度	加工好的翡翠手镯粗细均匀，抛光精良，具滑感，用手触摸没有不平的感觉，平放在玻璃上平稳，触动无响声
款式	目前比较流行的有三种：圆镯（福镯）、扁镯（普镯）和椭圆镯（又称"贵妃镯"）。圆镯属于传统款，适合中老年妇女佩戴；扁镯和贵妃镯是新款手镯，适合职业女性，上班佩戴也不会影响工作。还有其他异形的，如方形管的、雕花的等
形体	同种、同色的手镯，由于宽细不同，价格也会不同。一般来说，用料宽的价格较高。薄厚在手镯横截面上体现为"高矮"，收藏级别的高档手镯一般是比较厚、比较饱满的

难得的几乎满黄细腻的
手镯，唯条子稍细

宽版厚庄的冰糯地飘
兰花手镯

难得的几乎满绿的圆条
的手镯

宽版厚庄的手镯，材
质顶级，圆润浑厚

冰玻种带艳绿贵妃镯，
品质好，唯条子稍细

宽版厚庄的艳丽黄翡手镯

十、翡翠素石作品鉴赏之玩件

要素	特征表述
手感	手把件的手感是其收藏的要素。有的人喜欢整体比较光滑圆润的，有人喜欢有点小棱角可以按摩手上的穴位的。总的来讲，应该要避免太尖锐的棱角，有适合手形的弧度，以免在玩赏时被损坏

要素	特征表述
尺寸	手玩件要以适合手玩、把握为宜。大小依照个人手的大小和喜好来选择。一般男性手大，喜欢用大的；女性通常用尺寸小的
题材	同样是雕刻品，玩件因其需要的料子大，它的创作空间比挂件要大，因此它的创作题材会更加广泛和丰富。有传统的题材，有古老的说法，有带有祝福吉祥寓意的，如弥勒佛、貔貅、马上封侯、莲蓬青蛙等；也有一些新颖的题材，如欢天喜地、和谐
雕工	雕工对玩件作品比挂件更加重要，因为其创作空间大，色彩和种水的变化有时候会很大。注意作品的构图和布局、俏色的利用、细节雕工的处理
配饰	玩件一般会配上绳子，戴在身上、包上，随时可以取出玩赏。比较讲究的配饰能为其添色不少。首先是绳子的颜色和玩件的搭配，不能呛色；其次是绳结上的小饰物和作品题材的相互呼应，比如作品是以青蛙莲蓬为题材的，则装饰以菱角，作品以貔貅为题材的，装饰以小元宝，等等

福禄寿三彩貔貅

紫色带绿貔貅

黄翡龙头鱼，造型较奇特，线条有力

隐于石中的墨翠弥勒佛

三彩金蟾玩件，饱满，手感好

紫色带蓝绿的斧头玩件，种好质细，是玩件精品

十一、翡翠素石作品鉴赏之摆件

要素	特征表述
题材	翡翠摆件因为创作空间比较大，所以题材很丰富。传统的题材有人物、花草、山水（山子）。其中，有一些山子类的作品因为是做成浮雕，所以如果石头的表面有裂纹则可以轻易避开
构图	摆件的构图因为空间较大，要做到完美一般很难，特别是因为翡翠在雕刻过程中颜色和种水变化都很大，出现绺裂也是难以避免的。有时候为了将就颜色，可能会牺牲构图的完美，所以要实现构图的完美实在是很困难的事情
创意	市场上大多是仿古的作品，或者是之前就有人做过的题材，有创意的作品相对少。买翡翠，除了是石头，它还是一件艺术品，工艺的精巧、构思的得当是十分重要的。一个好的创意，只要配上不错的石料，就是值得珍藏的作品。如果毫无创意，工艺又差，即使石头过得去，也只能算是"大路货"，不能算是收藏品
底座	为了美观，翡翠摆件一般会配有底座。作品的底座搭配得好可以让作品增色不少，一般的翡翠摆件底座会选用木头雕刻。高级创意的会使用翡翠原石来搭配。但切忌底座喧宾夺主
装框	级数高的作品，特别是一些做工特别细腻的作品，经常会配玻璃框进行收藏。由于南北气候差别很大，对框和玻璃的要求也不一样

特殊工艺制作的童子　　巧雕的甲虫和竹子，宛如古化石一般

紫底带翠巧雕白菜　　完美的石料做成的印章　　是而薄的黄翡蜻蜓摆件

十二、翡翠素石作品鉴赏之珠串

要素	特征表述
珠子的大小搭配	作为珠链的珠子，颜色、种水、大小的均匀度是鉴赏的重要考量
项链的长短和佩戴	短链或颈链的尺寸在13英寸~16英寸，长链子的长度在18英寸~20英寸，而礼服链的长度在30英寸~36英寸。16英寸长度：正好在锁骨上面，重点突出颈部曲线；18英寸公主形长度：正好悬挂于锁骨之上，是最常见的长度；24英寸长度：悬挂于衣服上方，中长度。短的项链比较适合日常佩戴，长的则适合配连衣裙等正式的服装
项链的搭扣和设计	珠链的搭扣设计要华贵、精细。如果珠子比较大，适合用圆形的搭扣；如果珠子比较小，则可以用长形的搭扣来配合
珠子间隔设计	有些链子因为珠子不够长，比较短，可在两个珠子之间放入其他颜色的翡翠小珠子或金属及其他材质的小珠子来配合。这样的配合可以减少珠子和珠子之间的磕碰和磨损，如果设计得当，效果反而更佳

种色一流的珠链，取料难得

绿色珠链，色匀且阳艳，唯种稍逊

淡紫色珠链和耳坠，玫瑰金隔珠使之增色

十三、翡翠镶嵌作品鉴赏要点

鉴赏内容	鉴赏要点
设计款式	设计款式体现原石的美感；款式受市场喜爱；有独特的设计风格
品质鉴别	翡翠颜色质量；是否有裂、有棉絮、有黑点；原石比例是否协调
镶嵌工艺	配石的平整；焊点的细腻度，金的抛光面，接触点的处理；金的使用比例
效果评价	调水效果如何；色彩搭配是否到位；整体布局如何，作品是否有动感；寓意主题是否突出，是否有生命力

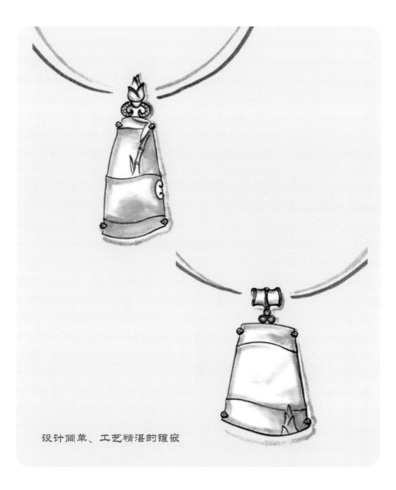

设计简单、工艺精湛的镶嵌

沈理达 讲 翡翠

十四、翡翠镶嵌作品鉴赏之戒指

鉴赏要素	特征表述	选佩要点
主石	根据种、水、色、底、裂、工、形体比例鉴赏主石的品质，品质好的翡翠使用较好镶工和金属及配石	①戒指的圈口选择。东方人的圈口大小在8号~28号之间。选购戒指时，夏天以戴上戒指后稍紧为宜，冬天则以戴上后可左右转但又不脱落为宜
金属	常用的金属为铂金、18K金、14K金、银等	②戒指的戴法。戴在食指上的戒指，要求有立体感的造型，经常要比较夸张以显示个性。戴在中指上的戒指要求大气、有重量感，能够给人以较正式、积极的感觉。戴在无名指的戒指适合正统造型。戴在小指上的戒指适合可爱、秀气的造型
镶工	金属的抛光面是否细腻；配石是否严密无空隙，均匀流畅，光滑平整；主石是否牢固；爪的位置分布是否均匀，大小是否一致，是否圆滑，会不会尖锐割伤。如果背部封底镶口，要看后盖是否封紧，有无批花，调水效果如何	③手指形状与戒指。手指修长，适宜宽戒和有体积感的戒指；肥胖型的手适合戴螺旋造型的戒指，这样能使手指稍显纤细；短粗型的手可选择流线造型的戒指
款式	款式设计是附加值的重要部分，原创和模仿的款式所需要付出的成本是完全不一样的。款式的鉴赏除了整体美观和风格要求外，还要考虑镶嵌的难易程度和镶嵌工艺的不同	④戒指和其他手部饰物的搭配。不要让不协调的两件配饰在同一只手上出现，不要把两件绿色差别很大的手镯和戒指戴在一起。在同一只手上戴两枚戒指时，色泽要一致，而且一枚戒指复杂时，另一枚一定要简单。最好选择相邻的两只手指佩戴，不要中间隔着一座"山"
搭配	一般使用的配石有钻石、小的翡翠、玛瑙以及水晶、碧玺等彩宝。主石和金属、配石的颜色搭配会对整体效果影响很大，比如紫色主石更适合选用黄色金属和钻石搭配。搭配时还要注意比例，突出主石。配链或配绳的色彩也是整体的一部分，应在鉴赏之内	⑤佩戴礼仪。参加朋友聚会要避免戴的戒指比主宾的显眼。在不同场合戒指的佩戴要得体，以免传递错误信息。食指表示没有配偶，想结婚；中指表示已在恋爱中；无名指表示已经订婚或结婚；小指表示独身
主题	款式设计后作品的主题会发生新的变化，不同主题表达的内涵和意义不一样。没有主题的镶嵌只能起到加固的作用	

镶嵌了彩色宝石的戒指

简洁的玻璃种戒指

形体好、双凸、满绿的
男士戒指

花形可爱的玻璃种戒指

形体好、满绿的戒指

十五、翡翠镶嵌作品鉴赏之胸针

鉴赏要素	特征表述	选佩要点
主石	根据种、水、色、底、裂、工、形体比例鉴赏主石的品质	①因季节不同选择不同。夏季宜佩戴轻巧型胸针；冬季宜佩戴较大的、款式精美、质料华贵的胸针；而春季和秋季可佩戴与大自然色彩相协调的绿色和金黄色的胸针
金属	常用的金属为铂金、18K金、14K金、12K金、9K金、银、铜等	
镶工	金属的抛光面是否细腻；配石是否严密无空隙，均匀流畅，光滑平整；主石是否牢固；有没有过于尖锐的角；如果背部封底镶口，要看后盖是否封紧，调水效果如何	②搭配衣服和发型。一般穿带领的衣服，胸针佩戴在左侧；穿不带领的衣服，则佩戴在右侧。头发发型偏左，佩戴在右侧，反之则戴在左侧。如果发型偏左，而穿的衣服又是带领的，胸针应佩戴在右侧领子上，或者干脆不戴
款式	胸针一般较大，整体美感很重要，许多翡翠胸针会设计成坠子和胸针两用的，要特别关注款式的实用性	
搭配	一般使用的配石有钻石、小的翡翠、玛瑙、珊瑚以及水晶、小宝石、碧玺等彩宝。主石和金属、配石的颜色搭配会影响整体效果，设计整体与衣服的搭配也很重要	③胸针佩戴场合。胸针虽然一年四季都可以佩戴，但一般平时不使用，特别是设计夸张的、比较大的胸针，只是在一些比较正式的场合才佩戴
主题	胸针的位置比较显眼，主题要能表达主人的个性和风格或愿望和祝福	

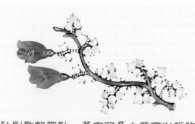

设计别致的胸针，其中两朵小花可以拆作耳坠

极品满翠玻璃种叶子做成的胸针

粉色蓝宝石渐变镶嵌而成的华贵胸针、胸坠两用款式

十六、翡翠镶嵌作品鉴赏之耳饰

鉴赏要素	特征表述	选佩要点
主石	根据种、水、色、底、裂、工、形状和形体比例鉴赏主石的品质，看两颗主石的大小品质是否一致	①耳朵与耳饰。耳朵因人而异，有大有小，这与人的整体形象也密不可分，戴耳饰可以改善和弥补这种先天不足。大耳朵的人选择大一些的耳饰，使别人的注意力容易集中在耳饰上；小耳朵的人要选择较小的耳部饰品，以有光泽感的小耳钉、小耳环为主；耳朵长得不太美的人可佩戴较大型的耳扣以掩饰不足；耳朵长得美的人宜佩戴下垂耳坠，以显示耳朵之美俏，以免环饰掩盖了耳朵的美
金属	常用的金属为铂金、18K金、14K金、银等	
镶工	金属的抛光面是否细腻；配石是否严密无空隙，均匀流畅，光滑平整；主石是否牢固；爪的位置分布是否均匀，大小是否一致，是否圆滑，会不会尖锐割伤；如果背部封底镶口，要看后盖是否封紧，有无雕花，调水效果如何	②耳饰与脸型。圆脸型的人，宜用长而下垂的方形或三角形耳饰；耳坠最适宜圆脸型的女性佩戴，长长的耳坠向下垂挂，能使面孔产生椭圆形的美学效果。瘦长脸形的女性适合佩带增加脸型宽度感的耳环，大方型及大圆型是比较理想的款式；方脸形的女性可戴卷曲、较粗大的悬吊型耳饰或较大且紧贴耳朵的悬挂式的耳饰，以使脸显得狭长些
款式	耳饰可以分成耳环、耳钉和耳坠。款式设计一般根据人的年龄大小选择类型，根据整体性选择风格	
搭配	一般使用的配石有钻石、小的翡翠、玛瑙以及水晶、碧玺等彩色宝石。主石和金属、配石的颜色搭配会对整体效果影响很大，要看款式是否考虑到脸型和耳垂的大小及形状、皮肤等因素	③耳饰与发型。短发的女性，如果所戴耳环、耳坠与发梢同样长，会影响美感，适宜佩戴较短的耳饰；长发的女性佩戴耳坠会显得漂亮醒目
主题	主题一般需要与整体风格和胸坠款式风格有关，耳饰是套件的重要组成，也是社交中的重要关注点，要特别亮丽	④耳饰与气质。一般来说，体积较大的耳饰比较性感，显得情调浓郁而有浪漫气息，这种耳饰较适合年轻的、活泼开朗的、喜欢交际的女性；素净的耳饰则可使人显得清秀脱俗，这种耳饰较适合文静型、内秀型的女性佩戴

高贵的紫色耳坠

时尚的白色玻璃种耳钉

高贵显赫的翠绿耳坠

金黄色事业有成耳坠

苍翠耳坠拨动心弦

十七、翡翠镶嵌作品鉴赏之坠子

鉴赏要素	特征表述	选佩要点
主石	根据种、水、色、底、裂、工、形体比例鉴赏主石的品质。坠子的主石较大，品质要求较高	①要和自己的脸型相配。圆脸型的人，一般需要佩戴长形的坠子来拉长脸部的线条；国字脸的人要选圆弧形的坠子，以增加柔和感
金属	金属需要为主石增色，并且为作品创作的风格服务。常用的金属是铂金、18K金、14K金等	②要和自己的年龄相配。年纪轻的适合花哨时尚点的坠子；中年人适合镶嵌华贵的坠子；年纪稍大的适合简单的能显露个性的坠子
镶工	检查金属的抛光面是否细腻；配石是否严密无空隙，均匀流畅，光滑平整；主石是否牢固；爪的位置分布是否均匀，大小是否一致，会不会尖锐钩坏衣服；如果背部封底镶口（除了白色和黑色之外常有封底），要看后盖是否严谨，有无雕花，调水效果如何，翡翠和镶底之间的缝隙是否可以让光通过而使得水颜色提升	③要和自己的服饰相配。比如当您穿一件露出脖子的衣服来贴身戴一件坠子的时候，您所佩戴的坠子的位置要使露出的部分构图比较美，不要偏上或者偏下，这样会不够端庄，也不够吸引人的眼光。如果坠子戴在衣服外，那么坠子的颜色、大小要和衣服相配
款式	原创和模仿的款式所需要付出的成本是完全不一样的。款式的鉴赏除了整体美观和风格要求外，还要考虑镶嵌的难易程度和镶嵌工艺的不同	④要和场合相配。正式场合、社交场合、休闲场合要根据场面的大小、环境和到场人员状况搭配合适的饰品
搭配	一般使用的配石有钻石、小的翡翠、玛瑙以及水晶、碧玺等彩宝。主石和金属、配石的颜色、配绳的搭配会对整体效果有影响	
主题	款式设计后作品的主题会发生新的变化，总体应该使翡翠更具吉祥意义。如果主石是雕刻的，镶嵌部分的含义和雕刻的图案需要呼应	

白色玻璃种镶嵌坠子

镶嵌颇有异域风情的玻璃种坠子

三个黄色蛋面镶嵌的坠子，樱桃熟了，小的两个可拆做耳坠

玻璃种蛋面用黑金和
彩宝镶嵌，蝴蝶家园

各色彩宝镶嵌的玻璃
种长柱，幸福常驻，
鸾凤和鸣

饱满的紫色坠子，
玫瑰金镶嵌

用粉红色蓝宝和黑玛
瑙演绎的玻璃种蛋面

白金和钻石镶嵌的艳绿坠子

十八、翡翠镶嵌作品鉴赏之手链

鉴赏要素	特征表述	选佩要点
主石	根据种、水、色、底、裂、工、形体比例鉴赏主石的品质。主石数较多，一般是素面的翡翠。同一石料同色系近品质最佳	①和手臂相配。细小骨感的手臂适合戴稍微有点宽的手链，显得秀气可爱；骨架小的人，适当的宽版也很适合，显得时尚大气；如果手比较粗大，则适合中版型的手链，控制在1.5cm~1.7cm之间的宽度比较适宜
金属	金属需要为主石增色，并且为作品创作的风格服务。常用的金属是铂金、18K金、14K金等。金属的面积较大，对色彩和工艺的要求较高	②和肤色相配。肤色白的人比较好搭配，浅色深色的手链都适合佩戴；肤色偏深的人适合比较深色的物件相配合
镶工	检查金属的抛光面是否细腻；配石是否严密无空隙，均匀流畅，光滑平整；主石是否牢固；爪的位置分布是否均匀，大小是否一致，会不会尖锐钩坏衣服；特别注意开关处的处理，要便于开关	③和衣服相配。要根据衣服的面料、款式选配，休闲服装适合搭配简单镶嵌的手链
款式	款式整体要时尚、雅致、唯美	④和年龄相配。年轻人适合戴时尚、花哨的款式；而年纪大点的适合用比较稳重的款式
搭配	一般使用的配石有钻石、小的翡翠、玛瑙以及水晶、碧玺、小宝石等彩宝。主石和金属、配石的颜色搭配会对整体效果有影响，一般使用均匀的宝石，配石色系比较单一	⑤手链的长度选择。手链的长度约为20cm~25cm，佩戴时也应掌握好尺寸。太紧了会影响美观和舒适，太松了又会滑向手部。因此，手链的长度一般也以链条与手腕之间留有拇指粗细的间隙为好
主题	一般用于社交场合，主题要突出，风格要特别，线条感要强，能体现个性为佳	

翠绿翡翠镶嵌的手链

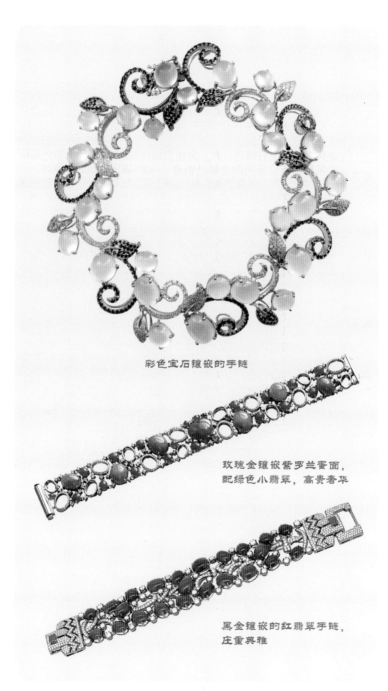

彩色宝石镶嵌的手链

玫瑰金镶嵌紫罗兰蛋面，
配绿色小翡翠，高贵奢华

黑金镶嵌的红翡翠手链，
庄重典雅

十九、翡翠镶嵌作品鉴赏之套链

鉴赏要素	特征表述	选佩要点
主石	根据种、水、色、底、裂、工、形体比例鉴赏主石的品质。主石数较多且大，一般是素面的翡翠。同一石料同色系近品质最佳	①线条。镶嵌线条与主石形状的线条要配合流畅，风格一致 ②翡翠的分布和配合。翡翠在套链上的分布应该实现颜色的渐进，一般颜色最好的，放在靠中间显眼的部位；颜色稍逊的放在比较不显眼的地方；个头大的一般在中间，双边渐小 ③配石的选择。 如果镶嵌中用到其他颜色宝石做配石，配石的色调、档次必须和主石搭配才会出效果。使用钻石要工好够白够亮才会出效果 ④链扣搭配。链扣的形状和粗细要和套链的主体部分配合完美，风格一致 ⑤佩戴效果。佩戴效果因人的肤色、脸型、脖子形状、锁骨特征以及服饰搭配不同而不同
金属	金属需要为主石增色，并且为作品创作的风格服务。常用的金属是铂金、18K金、14K金等。金属的面积较大则色彩和工艺要求更高	
镶工	检查金属的抛光面是否细腻；配石是否严密无空隙，均匀流畅，光滑平整；主石是否牢固；爪的位置分布是否均匀，大小是否一致，会不会尖锐钩坏衣服；如果背部封底镶口（除了白色和黑色之外常有封底），要看后盖是否严谨，调水效果如何	
款式	款式整体要大气高贵，层次感要强。一般要与戒指和耳饰及手链风格一致	
搭配	一般使用的配石有钻石、小的翡翠、玛瑙以及水晶、碧玺等彩宝。主石和金属、配石的颜色搭配会对整体效果影响很大，一般使用由小及大的宝石渐变，配石色系比较单一	
主题	一般用于正式场合使用，主题要突出，风格特别，线条感要强，能体现主人的个性	

决理达讲翡翠